HISTÓRIA
ESPAÇO
GEOGRAFIA

Dados Internacionais de Catalogação na Publicação (CIP)
(Câmara Brasileira do Livro, SP, Brasil)

Barros, José D'Assunção
História, Espaço, Geografia : diálogos interdisciplinares / José D'Assunção Barros. – Petrópolis, RJ : Vozes, 2017.

Bibliografia
ISBN 978-85-326-5402-1

1. Geografia – Estudo e ensino 2. História – Estudo e ensino 3. Interdisciplinaridade I. Título.

17-00601　　　　　　　　　　　　　　　　　　　　CDD-371.3

Índices para catálogo sistemático:
1. História e geografia : Interdisciplinaridade:
Educação   371.3

HISTÓRIA
ESPAÇO
GEOGRAFIA

DIÁLOGOS INTERDISCIPLINARES

José D'Assunção Barros

EDITORA VOZES

Petrópolis

© 2017, Editora Vozes Ltda.
Rua Frei Luís, 100
25689-900 Petrópolis, RJ
www.vozes.com.br
Brasil

Todos os direitos reservados. Nenhuma parte desta obra poderá ser reproduzida ou transmitida por qualquer forma e/ou quaisquer meios (eletrônico ou mecânico, incluindo fotocópia e gravação) ou arquivada em qualquer sistema ou banco de dados sem permissão escrita da editora.

CONSELHO EDITORIAL

Diretor
Gilberto Gonçalves Garcia

Editores
Aline dos Santos Carneiro
Edrian Josué Pasini
Marilac Loraine Oleniki
Welder Lancieri Marchini

Conselheiros
Francisco Morás
Leonardo A.R.T. dos Santos
Ludovico Garmus
Teobaldo Heidemann
Volney J. Berkenbrock

Secretário executivo
João Batista Kreuch

Editoração: Maria da Conceição B. de Sousa
Diagramação: Sheilandre Desenv. Gráfico
Revisão gráfica: Fernando Sergio Olivetti da Rocha
Capa: Cumbuca Studio

ISBN 978-85-326-5402-1

Editado conforme o novo acordo ortográfico.

Este livro foi composto e impresso pela Editora Vozes Ltda.

Sumário

Primeira parte: Um espaço em comum, 7
I – História e Geografia: duas ondas que se abraçam, 9
II – Doze conceitos tradicionais da Geografia e uma nova proposta, 23

Segunda parte: Interações possíveis, 127
III – A relação entre História e Geografia no século XX, 129
IV – História local e História regional – A historiografia do pequeno espaço, 167

Referências, 207

Índice onomástico, 215

Índice remissivo, 217

Índice geral, 221

Primeira parte
Um espaço em comum

I
História e Geografia: duas ondas que se abraçam

1 As ondas interdisciplinares no século XX

Entre as metáforas muito empregadas para se falar dos diversos impulsos interdisciplinares que, de tempos em tempos, beneficiam determinado campo de saber, está a imagem das ondas. Certo campo de conhecimento está bem posicionado em seu lugar, como se fosse uma bela praia tropical, e de momentos em momentos o oceano lhe entrega uma vaga de ondas, que vêm banhar suas areias e as renova, mais uma vez. Há depois o repuxo. Mas então as águas já deixaram algo de si nas areias, que por isso já não são mais exatamente as mesmas. E as próprias ondas, por outro lado, também levaram consigo um pouco das areias que ajudaram a fertilizar.

A Interdisciplinaridade, entrementes, não envolve propriamente um campo de saber estático (a praia) e outro ativo (a onda). Os diálogos e movimentos interdisciplinares implicam dois campos de saber em movimento. Um atua sobre o outro. Os encontros interdisciplinares são como as águas de dois rios que se encontram, por vezes placidamente como se ensaiassem um abraço amoroso, por vezes defrontando-se com certa violência, como se uma corrente desejasse submeter a outra, absorvê-la dentro de si mesma para depois seguir adiante, fortalecida. Ou, então, um diálogo interdisciplinar pode ser comparado a duas ondas que se abraçam no meio do oceano, o que só poderia se dar se as ondas tivessem movimentos próprios para além daqueles que lhes são ditados pelo próprio mar. A imagem é aceitável?

Quando duas ondas se encontram – em uma operação da natureza que simultaneamente envolve, de cada parte, a suavidade e a violência, o abandono amoroso e o domínio quase belicoso – elas daí por diante levam consigo algo de uma na outra. Um encontro entre duas ondas não pode ocorrer sem que as duas partes efetivamente se transformem; e sem que, de alguma maneira, o próprio oceano, vasta extensão agitada por muitas e muitas ondas, também se transfigure. Fiquemos com essa imagem. A Interdisciplinaridade é um encontro de ondas.

Quero pensar na História como uma onda que se move através deste vasto oceano formado pelos inúmeros campos de saber e pelas múltiplas possibilidades de objetos de estudo. Por vezes, a onda da História encontra outras ondas pelo seu caminho deslizante através das águas do conhecimento humano. E às vezes encontra certas ondas – as mesmas ondas – muitas e muitas vezes na sua eterna aventura errante.

Se tal imagem for permitida, poderemos dizer que a História e a Geografia são duas ondas que já se encontraram e reencontraram inúmeras vezes. No princípio, até evoluíram bem juntas, sem que fosse possível distinguir com muita clareza onde exatamente estava uma, onde estava a outra, tal era a íntima mistura de suas águas. Ou de suas músicas, pois também podemos pensar na instigante metáfora das ondas sonoras. Por ora, deixemos o reino da Poesia (é uma interdisciplinaridade ainda um pouco suspeita nos atuais meios científicos). Vamos nos concentrar na história desta disciplina que foi chamada de História, e mais adiante abordaremos o seu encontro com esta outra disciplina que é a Geografia.

Temos de começar de algum lugar, pois não podemos recuar indefinidamente até o início da História. Que tal, precisamente, o momento em que a História começa a se afirmar definitivamente como disciplina, com todas as letras e canudos? O século XIX. Não haveria melhor escolha. Este, conforme vimos em oportunidades anteriores[1], havia sido o "século da História". Pelo menos foram estes os famosos dizeres do historiador oitocentista francês Augustin Thierry (1795-1856)[2].

Foi naquele século que a História passou a ser proposta, pelos seus próprios praticantes, como uma disciplina científica, e não mais como um simples

---
1 BARROS, 2011b, p. 23.
2 Diz-nos o historiador francês nas *Cartas sobre a História da França*: "A História dá o tom do século [XIX], assim como a Filosofia havia feito com o século XVIII" (THIERRY, 1820). Cf. GAUCHET, 1986, p. 247-316.

gênero literário ou uma prática voltada apenas para a edificação da memória coletiva. Foi também naquele século, já em 1804, que os historiadores finalmente conquistaram a primeira cátedra universitária e que a sua ciência tornou-se, concomitantemente, uma profissão a ser aprendida nas universidades, notando-se a partir daí um rápido crescimento do professorado de ensino superior[3]. Logo surgiram as primeiras revistas especializadas em história, ao mesmo tempo em que os historiadores profissionais passaram a constituir, claramente, uma comunidade científica[4]. No plano metodológico, foram confirmadas em novos termos as bases de um autêntico método de crítica das fontes – um método que passaria desde então a ser pensado pelos historiadores como um signo da especificidade de um novo campo de saber. De igual maneira, começaram a aparecer os primeiros manuais de História, bem como inéditos panoramas através dos quais os historiadores exerceriam um "olhar sobre si". Os arquivos, sob os auspícios dos governantes dos estados-nação, começaram a se institucionalizar por toda a parte, e foram os historiadores que receberam a tarefa de organizá-los, de defini-los, de colocá-los a serviço da identidade nacional.

No grande ambiente acadêmico e científico introduzido no decorrer do século XIX, é bem compreensível que a primeira tarefa que os novos historiadores profissionais tomaram a seu cargo tenha sido a de definir com bastante clareza as fronteiras de sua disciplina: seu campo de objetos, a dimensão temporal que os perpassa, seus métodos, suas possibilidades teóricas, e tudo aquilo que pudesse ajudar a definir a História não apenas como uma disciplina, mas particularmente como uma "disciplina científica". Esse foi, enfim, o primeiro movimento para que a História se afirmasse como uma disciplina, no sentido que hoje atribuímos a esta palavra quando nos referimos aos diversos saberes acadêmicos.

A explicitação de fronteiras disciplinares bem definidas foi, desse modo, uma tarefa à qual se dedicaram os mais diversos historiadores na Europa

---

[3] Analisando o ambiente universitário alemão – primeiro no qual, já desde 1804, os historiadores se estabeleceram como professores universitários – Peter Lambert observa que "nas primeiras décadas do século XIX a profissionalização de História teve início em termos convencionais". Pouco depois, "em meados do século XIX, havia 28 professores de História, distribuídos em 19 universidades; 60 anos depois, havia nada menos que 185 deles, e o número continuou a crescer até a década de 1930, chegando ao pico de 238 em 1931" (LAMBERT; HARRISON & JONES, 2011, p. 26).

[4] Em 1831, atendendo a uma demanda do governo da Prússia, Leopold von Ranke, que havia sido o primeiro historiador a ser investido de uma cátedra universitária, funda a *Historisch--Politische Zeitschrift*. Logo surgiriam outras revistas, inclusive nos demais países europeus.

e nas três Américas. Existe uma hora, todavia, em que as fronteiras ameaçam se transformar em paralisantes limites. É em momentos como esses que a disciplinaridade precisa ser cuidadosamente contraponteada com a interdisciplinaridade.

À entrada do século XX, sem contar os pioneiros do século anterior, começam a se fortalecer as primeiras percepções historiográficas de que existia uma necessidade premente de se promover a ultrapassagem dos limites que até então vinham sendo impostos à disciplina. Logo começaram a aflorar os diálogos interdisciplinares da primeira hora. Para retomar a nossa metáfora inicial, estes impulsos que promovem os encontros e os diálogos interdisciplinares são como grandes vagas, cada uma delas com algumas ondas, pois jamais cessaram de se formar encontros interdisciplinares no vasto oceano de saberes em movimento.

A primeira vaga de diálogos interdisciplinares envolveu a História em uma interação mais direta com a Geografia e com a Sociologia, e já um pouco com a Antropologia, embora esta ainda estivesse destinada a retornar mais tarde ao horizonte historiográfico com força ainda maior, constituindo em pelo menos duas oportunidades duas novas ondas interdisciplinares de grande importância para os historiadores.

Ainda a partir dos anos de 1930, a emergência da História Serial e da História Quantitativa é sintoma ou efeito recíproco de uma intensificação no diálogo da História com a Economia. Podemos pensar aqui em uma segunda vaga interdisciplinar, e compreendê-la tanto no contexto da incontornável crise econômica que impactara com grande estrondo o primeiro Pós-guerra (as ruínas do conflito mundial, o Crack da Bolsa em 1929), bem como entrevê-la como resposta pendente a uma questão que já vinha sendo colocada desde o século anterior: quais as relações entre os processos e acontecimentos históricos e os desenvolvimentos econômicos de uma sociedade?

De fato, a emergência do Materialismo Histórico, desde meados do século XIX, já demonstrava a necessidade de se compreender a história em sintonia com as suas motivações econômicas e sociais, para além dos meros efeitos políticos ao nível das organizações estatais e do confronto belicoso ou diplomático entre os grandes estados nacionais, uma antiga tônica que havia sido reforçada por muitos dos historiadores do século XIX e que, com a historiografia do século XX, começa a ser criticada por todos os lados.

Com a consolidação da abordagem da História Serial, concomitantemente se intensificam os diálogos com outra esfera de estudos, a Demografia, e abrem-se novas apropriações de abordagens derivadas da Estatística, ela mesma uma técnica e um campo disciplinar.

Depois de uma terceira vaga de diálogos interdisciplinares, replicando desde fins dos anos de 1950 mais uma vez a interação da História com a Antropologia, os historiadores logo teriam sua atenção despertada para a Linguística e a Teoria Literária. O diálogo intensifica-se particularmente a partir dos anos de 1970.

É importante que também se perceba que estas diversas vagas interdisciplinares não encerram as anteriores. Por exemplo, uma vez estabelecidos, os diálogos com a Geografia, com a Economia, Antropologia, Linguística, entre outros, seguem adiante, como uma grande polifonia na qual as diversas vozes musicais atuam conjuntamente, sem que uma melodia substitua a outra.

Antes de prosseguirmos, e avançarmos na discussão específica sobre a interdisciplinaridade entre a História e a Geografia, vejamos mais de perto, a princípio do ponto de vista da História, a noção primordial que une as duas disciplinas. Veremos que foi particularmente importante, diante do precário quadro de uma divisão de trabalho intelectual no qual a História deveria se ater essencialmente ao estudo do tempo, que ela logo fortalecesse uma consciência do espaço como aspecto fundamental para o pleno exercício do ofício do historiador.

2 Consciência do espaço

Já se disse que "a História é o estudo dos homens no Tempo". A definição, proposta por Marc Bloch um pouco antes de meados do século XX[5], hoje parece tão óbvia que já deve ter sido mencionada inúmeras vezes em obras de historiografia, e certamente na maioria dos manuais de História. No entanto, quando Marc Bloch a propôs, estava confrontando esta definição a uma outra que também parecera perfeitamente óbvia aos historiadores do século XIX: "a História é o estudo do passado humano".

A ideia de "estudo" que aparece em ambas as definições, aliás, é particularmente sintomática, e remete ao já discutido momento, no século XIX, em que a história passa a ser considerada uma ciência. Uma ciência interpretativa, é certo, com seus próprios métodos e suas abordagens teóricas, e que deveria se processar, conforme já vimos, sob o *métier* dessa figura específica de estudioso e especialista que era o historiador de novo tipo.

---

5 BLOCH, 1997, p. 55. *Apologia da História* [original: 1944].

O novo perfil dos historiadores, a partir daquele momento, contrastaria consideravelmente com aquela antiga figura de conhecimento que, até as últimas décadas do século XVIII, ainda estivera inserida dentro da notável polivalência do filósofo de tipo iluminista. Ser historiador, ou escrever história, era na Europa setecentista uma das inúmeras facetas possíveis para os homens de saber, e raras vezes era pensada como uma especialidade a ser exercida isoladamente. Voltaire, David Hume, Montesquieu e muitos outros filósofos da época escreveram sistemática ou eventualmente obras de História, ao mesmo tempo em que elaboravam ensaios voltados para a reflexão metafísica, para a estética, para a política, ou para a epistemologia, quando não escreviam romances e obras de arte.

Na transição do século XVIII para o século XIX, contudo, uma nova tendência se afirma. Começam, cada vez mais e mais, a surgirem os historiadores especializados – homens que se compraziam em se dedicar integralmente a uma prática historiográfica definida de uma vez por todas como ciência e voltada para o estudo do passado humano. Não obstante, antes de se tornar "estudo", a História fora muitas coisas, inclusive algo que – de maneira igualmente óbvia para os homens de outras épocas – definira-se como o "*registro* do passado humano".

Muitos dos historiadores antigos justificavam a sua dedicação à prática historiográfica em nome da necessidade de registrar os acontecimentos e as ações dos homens para que estes não caíssem no esquecimento. "Mestra da vida", a História também registrava os acontecimentos do passado humano para que se pudesse aprender com eles, e para que esse registro auxiliasse a condução das ações políticas no presente. Narrados criativamente, os registros de acontecimentos e processos que se deram no passado também entretinham, tornavam-se assuntos interessantes para as reuniões sociais da aristocracia e da burguesia. A certa altura, todavia, começa a se desejar mais da História.

A passagem do mero "registro" ao "estudo" é, como se disse, particularmente sintomática. Entre o registro e o estudo interpõe-se uma ciência, um saber que não apenas registra, mas que também se empenha em produzir conhecimento a partir deste registro, dele se valendo para propor problemas, levantar hipóteses, fornecer explicações ou bases confiáveis para a compreensão sobre por que as coisas aconteceram de uma maneira e não de outra. Por hora, retornemos ao problema principal – ao que há de propriamente distintivo em definir a História como "Estudo do passado humano" ou como "Estudo do homem no tempo".

Quando se diz que "a História é o estudo do homem no tempo" (ou "dos homens no tempo"), rompe-se com a ideia mais simples de que a História deve examinar apenas e necessariamente o Passado. O que os historiadores estudam, na verdade, são as ações e transformações humanas (ou também as permanências) que se desenvolvem ou se estabelecem em um determinado período de tempo, mais longo ou mais curto. Tem-se aqui o estudo de certos processos que se referem à vida humana numa *diacronia* – isto é, no decurso de uma passagem pelo tempo – ou que se relacionam de outras maneiras, mas sempre muito intensamente, com uma ideia de "temporalidade" que se torna central neste tipo de estudo.

Vista mais correntemente desta maneira a partir da terceira década do século XX, a História expandia-se extraordinariamente no campo das ciências humanas. Com esta nova redefinição – constantemente confirmada por uma considerável e progressiva variedade de novos objetos e subespecialidades no decorrer daquele novo século – a História podia se assenhorear, por exemplo, do mais recente de seus domínios: o Tempo presente.

Não tardaria, de fato, a que passasse a ser também uma das tarefas mais prestigiosas do historiador a de estudar o momento presente, notadamente com vistas a perceber como este instante contemporâneo é afetado por certos processos que se desenvolvem na passagem do tempo; ou, ainda, para compreender como a temporalidade afeta de modos diversos a vida presente, incluindo aí as temporalidades imaginárias da Memória ou da Ficção. Essa nova tarefa, é claro, fazia a História se avizinhar de novos territórios científicos, gerando tanto cooperações como tensões com a Sociologia, Ciência Política, Crítica Literária e outros campos. Mas esta é outra história.

Definir a História como o estudo do *homem* no *tempo* foi, em vista de tudo isso, um passo realmente decisivo para a expansão dos domínios historiográficos. Contudo, é hora de reconhecermos que a definição de História, no seu aspecto mais irredutível, deve incluir nos dias de hoje uma outra coordenada para além do "homem" e do "tempo". De fato, a História é o estudo do Homem no *Tempo* e no *Espaço* (assim como tem sido reivindicado por muitos geógrafos o direito de dizer que a Geografia é o estudo do homem no espaço e no tempo).

As ações e transformações que afetam esta ou aquela vida humana que pode ser historicamente considerada dão-se em um espaço que muitas vezes é um espaço geográfico ou político, e que, sobretudo, sempre e necessariamente constituir-se-á em espaço social. Não obstante, com as expansões dos domínios históricos que começaram a se verificar no último século, este espaço também pode ser perfeitamente referido a um "espaço imaginário" – espaço da imaginação, iconografia, literatura – e adivinha-se que em um momento que não deve estar distante os historiadores também estudarão o "espaço virtual", produzido através da comunicação em rede ou da tecnologia artificial.

Deve-se dar que, a partir de um futuro próximo, ouçamos cada vez mais falar em uma modalidade de História Virtual na qual poderão ser examinadas as relações que se estabelecem nos espaços sociais artificialmente criados nos chats da internet, na espacialidade imaginária das webpages ou das simulações informáticas, ou mesmo no espaço de comunicação quase instantânea dos correios eletrônicos – estes arquivos povoados de futuras fontes históricas com as quais também terão de lidar os historiadores do futuro. Por hora, entretanto, consideremos apenas o espaço nos seus sentidos tradicionais: como lugar que se estabelece na materialidade física, como campo que é gerado através das relações sociais, ou como realidade que se vê estabelecida imaginariamente em resposta aos dois fatores anteriores.

Tão logo se deu conta da importância de entender o seu ofício como a Ciência que estuda o *homem* no *tempo* e no *espaço* – e essa percepção também se dá de maneira cada vez mais clara e articulada em meio às revoluções historiográficas do século XX – os historiadores perceberam a necessidade de intensificar sua interdisciplinaridade com outros campos do conhecimento. Emergiu daí – ou antes, retomou-se em novas bases – uma importantíssima interdisciplinaridade com a Geografia, ciência que já tradicionalmente estuda o espaço físico.

Se considerarmos outras formas de espaço, como o "espaço imaginário" e o "espaço literário" – sem contar o "espaço econômico", e mesmo o ciberespaço –, não causará estranheza a menção, ainda, a outras interdisciplinaridades, como a Psicanálise, Crítica Literária, Semiótica, Economia, Linguística, e tantas disciplinas que, em algum momento, trabalham com outras formas de espaço. De fato, é perceptível que a noção de *espacialidade* vem se alargando consideravelmente desde os primeiros e mais vigorosos desenvolvimentos da historiografia do século XX: do espaço físico ao espaço social, político e imaginário, e daí até a noção do espaço como "campo de forças" que pode inclusive reger a compreensão das práticas discursivas – o espaço da História está longe de se conter nas tradicionais três dimensões.

Neste livro, a intenção é nos concentrarmos principalmente nos sentidos de espaço que se ressignificam a partir da interdisciplinaridade entre História e Geografia. Em vista disto, procederemos a um novo recuo. Houve uma época na qual – face à complementaridade entre as categorias de tempo e espaço para a compreensão mínima da vida, e em decorrência de certas práticas para as quais se mostrava vital a união entre estes dois saberes – História e Geografia podiam ser vistas como disciplinas que um dia partilharam o mesmo útero.

3 História e Geografia: disciplinas irmãs

História e Geografia, nos seus primórdios, eram como que gêmeas univitelinas. Os seus estudiosos, pesquisadores, intelectuais – sem contar os homens práticos que pensavam desde os tempos antigos na importância do exame atento da história, ou que foram convocados para a tarefa de produzir relatórios em uma e outra destas áreas – nunca tiveram dúvidas de que, para a real eficácia de operação historiográfica, seria preciso pensar concomitantemente nas relações entre tempo e espaço, bem como nas várias interações entre as sociedades humanas e o ambiente físico à sua volta.

Nos seus *Comentários sobre as guerras das Gálias* (50 a.C.)[6] – um texto que é simultaneamente um relatório de conquista, uma narrativa de história imediata, um bem-pensado libelo de propaganda com vistas a difundir uma liderança política, e um estudo sobre os espaços e as sociedades a serem dominadas na região da Gália – o general romano Caio Júlio César (100-44 a.C.), já na seção inicial, considera de máxima importância descrever o ambiente físico no qual se estabelecem as sociedades cujos costumes e cujas trajetórias históricas pretende detalhar. As barreiras e pontes naturais oferecidas pelos rios, por exemplo, assumem uma importância primordial nesse relato.

A História e a Geografia, por assim dizer, são aqui as conselheiras imprescindíveis da Estratégia. Uma não pode existir sem a outra, e ambas

---

6 Guerra das Gálias é o nome atribuído às campanhas conduzidas pelos exércitos romanos, sob comando de Júlio César, contra os gauleses. As investidas iniciam-se em abril de 58 a.C. e finalizam na primavera de 52 a.C., quando César derrotou finalmente o líder dos gauleses – Vercingetórix –, estabelecendo o domínio romano da Europa a oeste do Rio Reno. Com esta expansão, o Império controlaria a região que corresponde aos atuais territórios francês e belga.

informam esta última compondo um saber integrado do qual não podiam prescindir os chefes de exércitos e os governantes dos grandes impérios. A história das civilizações mais bem-sucedidas no domínio do espaço vital, desde a Antiguidade até nossos tempos, está repleta de exemplos acerca da importância atribuída à geografia pelos políticos e generais, de modo que o exemplo de Júlio César é apenas um dos muitos que poderiam ser evocados. Não é a toa que Yves Lacoste (n. 1929), importante geógrafo do século XX, assim intitularia uma de suas principais obras: *A Geografia: isso serve, em primeiro lugar, para fazer a guerra* (1976)[7].

Se recuarmos ainda mais além, até Heródoto (485-420 a.C.) – aquele que, se não é o "pai da História", é pelo menos o "pai dos historiadores" da Antiguidade clássica – já veremos ali imperar claramente a indissociabilidade entre o estudo do espaço e a narrativa histórica[8]. Por isso mesmo, muitos estudiosos não apenas o consideram o "pai da História", mas também o "pai da Geografia"[9].

Heródoto revela, nos nove livros de suas *Histórias* (440 a.C.), a preocupação eminentemente geográfica – agora no sentido mesmo da geografia física – de esclarecer em maior profundidade as próprias características materiais dos lugares que se ofereciam como palcos para as ações históricas dos homens e para o desenvolvimento das sociedades que com eles se estabeleciam. Se os solos da região do Nilo eram negros, não lhe bastava descrevê-los: queria especular também sobre que sedimentos, ali depositados, teriam sido respon-

---

7 A este livro retornaremos no capítulo III, item 21.

8 BARROS, 2011b, p. 31. Ali sustento que, se a História é anterior a Heródoto, remontando à antiga monarquia de Akkad, ao menos Heródoto é o pai dos historiadores – estes que passariam a ser bem mais do que meros e anônimos escribas historiográficos instituídos pelo poder político.

9 BROEK, 1967. O termo Geografia, por outro lado, é popularizado por outro grego – Estrabão (64-20 d.C.) – personagem importante na Roma antiga. Sua descrição enciclopédica do mundo conhecido – elaborada para fins estratégicos e governamentais – chamou-se *Geographica* (17-18 d.C.). Entrementes, é justo lembrar Eratóstenes de Cirene (276-194 a.C.) – sábio da Alexandria que congregava conhecimentos vários, entre os quais a astronomia, matemática, gramática, poesia, e a própria geografia. Foi um dos primeiros filósofos a incluir claramente, no seu acorde de saberes, a Geografia. A palavra aparece em uma obra intitulada *Geográfica* – de cujos três volumes restaram 155 fragmentos que nos chegaram através do próprio Estrabão e também de Plínio o Velho. Nessa obra, aliás, Erastóstenes rende a Heródoto o título de primeiro geógrafo, e a Anaximandro o título de primeiro cartógrafo. Vale lembrar que Erastóstenes foi o primeiro a calcular a circunferência da Terra, e que por este feito ele tem seu lugar de honra hoje na história das ciências.

sáveis por aquela coloração. O Egito, conforme a sua célebre frase, é uma "dádiva do Nilo". As batalhas são ganhas em um terreno concreto, que precisa ser vencido juntamente com os inimigos, passo a passo, na estação apropriada.

Se quisermos agora avançar para a Idade Média islâmica, lá encontraremos Ibn Khaldun (1332-1406), polímata cujo acorde interdisciplinar inclui campos diversos como a história, economia, astronomia, matemática, estratégia militar, teologia, direito, e também a geografia. A sua *História Universal*[10] integra harmonicamente a reflexão sobre o tempo e o espaço: a História e a Geografia acham-se irmanadas, no ventre de uma análise que congrega vários saberes.

A lista poderia seguir adiante, até a primeira modernidade, mas só estes exemplos emblemáticos já podem nos dar mostras desta que é talvez a mais natural das interdisciplinaridades. De alguma maneira, é no século XIX que começa a se afirmar mais decisivamente o distanciamento disciplinar entre historiadores e geógrafos – particularmente com a especialização e cientificização da História e com o surgimento mais consolidado de uma série de outras disciplinas relativas às sociedades humanas, entre as quais se situa a refundação da Geografia como um saber já antigo, mas que também já vinha se delineando sob uma perspectiva científica moderna desde Alexander von Humboldt (1769-1859) e Immanuel Kant (1724-1804)[11].

No século XIX, ademais, tanto a História como a Geografia são acrescidas ambas de importantes funções ideológicas junto aos estados-nação que então se fortalecem. Irmanadas no serviço aos governos europeus, cada uma tem a seu cargo, contudo, a sua própria função ideológica. A da História, ciência do tempo, é cuidar da memória de cada país, difundir as versões históricas que lhes interessam, tutelar a documentação que as registram desde a formação de cada povo em um passado remoto, fortalecer na população o sentimento de que todos partilham de uma história comum.

---

10 O *Livro de História universal*, ou Livro dos exemplos – em árabe: *Kitab al'Ibar* – é constituído de sete partes e apresenta como parte introdutória o célebre *Muqaddimah* (Prolegômenos). Além disso, Khaldun também escreveu outras obras, entre as quais o *Estudo do Planisférico de Idrissi*, uma obra mais propriamente geográfica.

11 Kant ministrou, por quase 40 anos, cursos de Geografia Física em Königsberg. Algumas das notas que ele elaborava para dar suporte a este curso foram publicadas em 1802 por Thomas Rink, um antigo aluno (KANT, 1999). Conforme observa Cohen-Halimi (1999, p. 11), Kant foi o primeiro a introduzir a disciplina na universidade, antes mesmo de ter sido criada a primeira cátedra de Geografia em Berlim, por Karl Ritter. Em seu ordenamento dos conhecimentos empíricos, a Geografia é proposta por Kant a partir da função de definir o lugar das coisas sobre a superfície da Terra. Cf. RIBAS & VITTE, 2008, p. 103-121.

A função ideológica da Geografia, ciência do espaço, é a de incentivar o sentimento de pertença ao lugar nacional, difundir uma certa representação do espaço que colabore tanto para definir a identidade da nação como para conhecer os espaços vizinhos, onde estão estabelecidos os outros países, aliados ou inimigos. A Geografia, então, já não servirá somente para fazer a guerra (e o comércio), mas também para formar bons cidadãos, como aliás também a História. Por isso mesmo, tanto a Geografia como a História passam a ser ensinadas massivamente nas escolas. Aprende-se agora, separadamente, sobre o tempo e o espaço.

Para além da clivagem mais específica entre a História e a Geografia, há um processo mais geral e mais abrangente de separação da História em relação às demais ciências, e na verdade de cada uma delas em relação a todas as outras. Esse movimento de clivagem entre a História e os demais saberes sociais é facilmente compreensível. Tal como mostramos no item anterior, com a cientificização da História – e particularmente com a sua inserção no circuito de conhecimentos universitários – tanto os historiadores profissionais precisavam firmar mais claramente a especificidade dos traços que definiam a sua própria identidade disciplinar, como precisavam se estabelecer mais claramente diante dos demais campos de saber social que se formavam ou se refundavam sob um signo de cientificidade naquele século.

Há razões especiais para que o século XIX tenha se afirmado como um momento de atenta constituição das fronteiras disciplinares, ainda que não tenham desaparecido totalmente os eruditos que transitavam mais livremente entre os diversos campos de saber. Alguns autores observam uma profunda e íntima relação entre a divisão de trabalho intelectual expressa pelo novo quadro de disciplinas acadêmicas e a sistemática montagem dos estados-nação, aqui acompanhada pela edificação e desenvolvimento de instituições e dispositivos que deveriam ajudar os sistemas de governo a exercer um maior e mais eficaz controle sobre suas populações.

Além de atenderem a funções práticas na nova ordem, os saberes acadêmicos tinham uma função estratégica no posicionamento dos estados-nação uns frente aos outros. São oriundos desse contexto político os novos enquadramentos e clivagens que submeteriam os saberes acadêmicos, tal como ressalta Immanuel Wallerstein (n. 1930) – sociólogo estadunidense que traz como uma das notas mais características de seu acorde teórico a influência particularmente marcante do historiador Fernand Braudel[12].

---

12 WALLERSTEIN, 1998, p. 71-82.

Entre as diversas clivagens que se tornaram típicas para a organização oitocentista dos saberes acadêmicos, podem ser indicadas a separação entre Presente e Passado – e, portanto, entre a História e as demais ciências humanas – como também a clivagem entre o universo euro-americano das ditas "nações civilizadas" e o "mundo exótico da barbárie", configurando-se sob esta perspectiva um espaço privilegiado para a Antropologia. De igual maneira, era preciso discriminar espaços para o estudo dos grandes ambientes relativos às atividades humanas que então se delineavam como essenciais – o mercado, a sociedade, o Estado – e no quadro destas demandas poderiam encontrar o seu lugar a Economia, a Sociologia, a Ciência Política.

A Geografia, além de ser imprescindível para sedimentar no indivíduo a ser controlado o sentimento de pertença ao território e à nação – no que, aliás, contava com a parceria da História – também servia diretamente, como já se disse, para fazer a Guerra. Por isso a Geografia, mas também a História, apresentam na sua história particular uma atenta e sistemática inserção no ensino básico. Para o administrador estatal, e para os interesses aos quais ele serve, a criança escolarizada precisa conhecer bem o seu lugar – seu país, sua região – e também o seu lugar social. A Geografia e a História, ainda que possam trazer consciência ao indivíduo pensante – e este é um problema que precisa ser administrado pelo sistema –, também podem ajudar a formar patriotas, trabalhadores bem-ajustados ao mundo do trabalho, cidadãos respeitadores da tradição.

Com tudo isso, pode-se ver claramente que boa parte dos saberes acadêmicos não corresponde tão somente a resultados de desenvolvimentos complexos derivados da ânsia de conhecer. Se isto também ocorre, estes saberes também encontraram o seu lugar – quando não foram constituídos precisamente para esta finalidade – nos diversos sistemas econômicos e políticos que tinham todo o interesse em instrumentalizá-los, seja a partir dos poderes governamentais que se agrupavam em torno da imagem do Estado-nação, seja a partir das formas de dominação oriundas dos setores privados no contexto da sociedade industrial.

Voltando à relação interdisciplinar que nos interessa mais diretamente neste momento, e à percepção de uma franca ampliação da clivagem entre a História e a Geografia no século XIX, pode-se perceber nesse século uma maior acentuação do investimento na separação entre Tempo e Espaço. Tratava-se de promover a possibilidade de se perceber um sem o apoio ou entrelaçamento do outro; ou, mesmo, sem aventar que o tempo-espaço constitui rigorosamente uma única e mesma instância diante da qual se torna possível compreender a estruturação das sociedades e o desenvolvimento das ações humanas[13]. No alvorecer do século XX, contudo, com a História já bem assentada como disciplina científica, os diálogos interdisciplinares precisavam ser retomados. E o primeiro deles não poderia deixar de ser com a Geografia[14].

A base de apoio para o restabelecimento de uma relação bem mais íntima entre a História e a Geografia foi a já mencionada percepção dos historiadores, de resto nunca ausente, de que a História não se constitui apenas de um estudo sobre os "homens no tempo", mas também um estudo sobre "os homens no espaço". Além disso, a própria compreensão trazida pela Física contemporânea acerca da indissociabilidade entre tempo e espaço, a qual tem seu marco com a Teoria da Relatividade de Albert Einstein (1905 e 1916), também contribuiu de modo enviesado para que os historiadores começassem a pensar não apenas nos termos das relações dos homens com o tempo, mas mais propriamente nas relações dos homens com o "espaço-tempo". Tempo e espaço – ou tempo e "lugar" – passaram a ser vistos como duas instâncias inseparáveis na reflexão historiográfica, e algo análogo também ocorreria entre os geógrafos, a princípio mais discretamente, e posteriormente com maior intensidade[15].

---

13 A possibilidade de trabalhar com um novo conceito – o Espaço-tempo – é examinada por Wallerstein em seu artigo "O Tempo do Espaço e o Espaço do Tempo" (1998, p. 75).

14 Em uma entrevista incluída em *Microfísica do poder* (1979), o filósofo francês Michel Foucault também assinala com estranhamento a clivagem entre tempo e espaço, até a retomada desta interação no século XX: "É surpreendente ver como o problema dos espaços levou tanto tempo para aparecer como problema histórico-político: ou o espaço era remetido à 'natureza' – ao dado, às determinações primeiras, à 'geografia física', ou seja, a um tipo de camada pré-histórica, ou era concebido como local de residência ou de expansão de um povo, de uma cultura, de uma língua ou de um Estado. Em suma, analisava-se o espaço como solo ou como ar, o que importava era o substrato ou as fronteiras. Foi preciso Marc Bloch e Fernand Braudel para que se desenvolvesse uma história dos espaços rurais ou dos espaços marítimos" (FOUCAULT, 1985, p. 212).

15 Entre os geógrafos, os empenhos em enxergar o tempo no espaço já vinham moderadamente ocorrendo desde o início do século XX, com geógrafos como Vidal de La Blache. Todavia, é a partir dos anos de 1980 que surgem experiências e contribuições mais audaciosas e sistemáticas, como a "Geografia do tempo", de Hägerstrand (1985), ou como a própria abordagem de Milton Santos, um autor ao qual voltaremos em maior profundidade. Assim se expressa o geógrafo brasileiro, mostrando uma clara consciência de que os objetos geográficos também contém tempo: "Os objetos, como espacializações práticas, rastos de passadas temporalizações, também contém tempo" (SANTOS, 2013, p. 78) "Metrópole: a força dos fracos é seu tempo lento" [original: 1993].

II
Doze conceitos tradicionais da Geografia e uma nova proposta

4 Conceitos básicos da Geografia

A Geografia – ao menos aquela que ficou mais conhecida como "geografia humana" – pode ser definida como a *ciência* que estuda os homens no espaço e em seus diversos meios ambientes e materiais, sejam estes relativos à materialidade natural ou à materialidade construída. Sabemos hoje, cada vez mais, que o espaço também é tempo, de modo que o geógrafo também se aproxima do historiador na sua tarefa de estudar os homens no tempo, embora com uma perspectiva própria. Outrossim, deixemos de fora por enquanto a coordenada do tempo geográfico, à qual ainda retornaremos inúmeras vezes neste livro.

Por ora, definir inicialmente a Geografia como um estudo que se estabelece em relação a estes três fatores – o Homem, o Espaço, o Meio (ou a materialidade) – já nos abre muitas perspectivas conceituais. A Geografia tanto estuda as relações dos homens entre si, mediadas pelo espaço e pelo meio material no qual eles vivem e o qual eles também produzem, como estuda as relações entre os conjuntos humanos (populações, sociedades) e estes espaços e meios materiais.

Eventualmente, uma parte do estudo dos temas geográficos pode abstrair-se aparentemente do homem e centrar sua atenção apenas no espaço e no meio físico (ou, mais especificamente, no meio natural), conformando esta subárea que comumente chamamos de Geografia Física. Mas bem sabemos que a ausência do homem é apenas uma aparência nos dias de hoje, mesmo nas áreas do planeta que não são habitadas, ou ainda com relação àqueles aspectos tradicionais do meio físico que parecem existir independentemente do homem. O estudo do clima, hoje, dos biomas, dos solos, irá sempre se defrontar em algum momento com a interferência do homem. Podemos não nos deter nela, e seguir adiante, abstraindo o homem, mas ele está lá, para o bem e para o mal. O clima em diversas partes do planeta, este fator decisivo que tanto interfere na vida humana (e, de resto, também no restante da vida animal e vegetal), está configurado hoje de certo modo porque aos seus desenvolvimentos naturais já se juntaram de muitas maneiras as interferências do homem. Há espécies animais extintas e preservadas pela ação do homem, biomas foram desfeitos e refeitos por causa de sua ação ou presença, solos foram perfurados diretamente ou erodidos em decorrência de práticas agrícolas e fabris. As paisagens se modificam – com o homem. Mesmo na Geografia Física, por trás dela, podemos divisar de alguma maneira a presença humana.

Posto isto, como o que mais nos interessa neste momento é uma discussão conceitual, vamos considerar a definição simultaneamente mais completa e mais simplificada da Geografia como o estudo que envolve o homem, o espaço e o meio material. Esta tríade de fatores centrais nos estudos geográficos – o fator humano, o fator espacial e o fator material – demandam cada qual uma certa ordem de conceitos; e há também conceitos que se estabelecem nos seus interstícios, ou na relação entre dois fatores (o homem e o espaço; o homem e o meio; o meio e o espaço). Por fim, há conceitos que envolvem os três fatores.

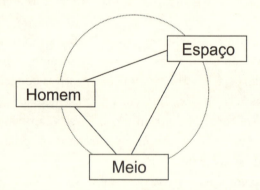

Para introduzir alguns exemplos, que logo serão discutidos em itens específicos, podemos lembrar de imediato que existem muitos conceitos da Geografia que se relacionam mais diretamente ao fator humano. O principal deles é a população – a qual corresponde a uma quantidade de seres humanos que se estabelece no espaço e interage com um certo meio. A população encabeça uma certa ordem de conceitos que se referem ao fator humano da Geografia. Podemos superpor a uma população certos aspectos concernentes a instâncias políticas, culturais, econômicas – aprofundando-os para além do mero aspecto do quantitativo populacional – e teremos mais propriamente uma sociedade. Se fizermos recortes na população ou na sociedade, começarão a surgir outros conceitos, como as classes sociais, as gerações, os gêneros. Já muito se falou nas raças, conceito hoje discutível. A Geografia, enfim, lida com vários conceitos que buscam estabelecer divisões no fator humano ou populacional. A população global parte-se em populações localizadas. Nacionais, urbanas, rurais.

Mais evidente ainda é a necessidade de a Geografia lidar com os conceitos relacionados à espacialidade e às divisões da espacialidade. Partindo do espaço, que é o conceito mais geral, temos muitos conceitos geográficos que se propõem a dividir o espaço. Podemos falar em regiões, áreas, zonas. Por fim, os meios materiais com o qual interagem os seres humanos – ou também os meios imateriais – levam a outra ordem de conceitos importantes para a Geografia. Se pensarmos na natureza, seremos levados a evocar os ambientes ecológicos, ao lado do relevo e do clima; ao pensar na materialidade construída pelo homem, vêm à mente as cidades, redes viárias, *habitats*.

Há também os conceitos que se situam em pontos nodais entre duas ordens. A Paisagem pode ser entendida como um conceito que surge na envolvência entre o espaço e a materialidade (seja esta a materialidade natural ou a materialidade construída pelo homem). Temos aqui um conceito tão importante para os geógrafos, que em toda uma primeira fase da existência da Geografia como ciência esta foi definida como a ciência que tinha por principal função a descrição das paisagens.

Se pensarmos nesta mesma materialidade que gera as paisagens, nossa atenção pode recair mais especificamente nos objetos geográficos criados pelo homem (edifícios, redes viárias) ou tomados da natureza e interferidos pela técnica e trabalho (os campos de cultivo, p. ex.). Milton Santos chamava a estes objetos geográficos de "fixos", e os complementava com o conceito dos "fluxos", os quais dão conta dos movimentos e transferências que se estabelecem entre os primeiros. Os fluxos e os fixos envolvem a materialidade e o espaço. Assim, se os fixos localizam-se materialmente no espaço, os fluxos encaminham movimento e intercâmbios no espaço. Envolvem também, é claro, o próprio homem, e não existiriam sem ele.

Neste capítulo, pretende-se apenas examinar alguns poucos dos vários conceitos geográficos que emergem de uma das três ordens – o Homem, o Espaço, o Meio material – ou que afloram na interação entre duas ou três destas instâncias. Entre os conceitos divisores do espaço, falaremos nas regiões, áreas, zonas e territórios. Com referência ao fator humano, será discutido o conceito de população, com comentários breves sobre outros dele decorrentes. Com relação à materialidade, discutiremos a paisagem, bem como os fluxos e fixos. Poderíamos discutir outros aspectos, muitas vezes salientes nos interstícios entre duas ordens de conceitos, como por exemplo as "migrações", que correspondem a movimentos das populações entre espaços distintos, ou as "densidades demográficas", que nos falam das quantidades de população em um mesmo espaço. Poderíamos, enfim, nos reportarmos a um universo conceitual muito diversificado, mas isto ultrapassaria os nossos objetivos neste livro.

Abordaremos ainda alguns conceitos que não se referem mais diretamente a nenhuma destas três instâncias, mas que correspondem a demandas teórico-metodológicas. Forma, função, processo, estrutura, conforme veremos, são conceitos não só da Geografia, mas demandados também por ela. "Escala", por outro lado, é conceito derivado da própria metodologia do geógrafo, e que não deixou de ser retomado por outros campos de saber, como o da própria História. Ao fim do capítulo também ousarei propor uma nova figura conceitual, ao menos em um nível experimental.

Quadro 1

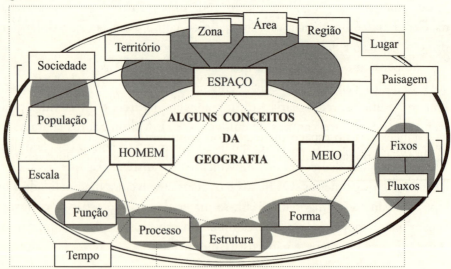

5 Região

> *Regiões são subdivisões do espaço: do espaço total, do espaço nacional, e mesmo do espaço local, porque as cidades maiores também são passíveis de regionalização.*
> Milton Santos[16].

Para além do próprio conceito de espaço, talvez o conceito geográfico mais importante para a História seja o de "região". É, ao menos, o primeiro conceito a ser discutido, pois dele decorrem outros. O aspecto inicial a ser compreendido é o de que a região é uma "subdivisão do espaço". É mais do que isso, certamente, mas esta é como que a nota característica fundamental do acorde conceitual de "Região". Por sobre a ideia de que a região é uma "subdivisão do espaço" (e outros conceitos também partem desta ideia, como os de "área", "zona", e tantos outros), é que podemos iniciar um entendimento mais adequado acerca das diversas possibilidades de sentido que se agregam ou se correlacionam ao conceito de região.

Conforme ressalta o geógrafo Milton Santos (1926-2001) na passagem que destacamos em epígrafe, a princípio podemos pensar em regiões como divisões decorrentes de diversos tipos de totalidades. Se pensarmos no planeta como totalidade – no planeta político, por exemplo, com seus diversos países e relações de vizinhança ou de distanciamento físico de uns em relação aos outros, mas também nas proximidades geradas pelos distintos sistemas de alianças entre as nações – a região surge como categoria conveniente para os estudos de Relações Internacionais e para o vocabulário corrente da História Global. Podemos dizer, ao nos referirmos ao Atlântico Sul, que o Brasil estabelece relações de cooperação deste ou daquele tipo com "os países da região". Os países que partilham fronteiras, analogamente, podem ser agregados em regiões dentro desta totalidade maior que é o planeta, ou dentro dos continentes.

À parte esta primeira leitura das regiões como subdivisões que podem ser estabelecidas no espaço planetário ou continental – e deixando por ora de discutir a possibilidade de pensar regiões como subdivisões possíveis no interior de grandes cidades –, a noção mais corrente de região, entre os historiadores, é a que se associa a subdivisões dos espaços nacionais. A região como

---

16 SANTOS, 2013, p. 94 [original: 1991]. Conferência de abertura para o colóquio *A Questão Regional e os Movimentos Sociais no Terceiro Mundo* (1991).

uma categoria através da qual se pode pensar uma diferenciação interna do país – entendendo este último como uma totalidade – consolidou-se com o desenvolvimento de uma modalidade historiográfica específica, sobre a qual discorreremos em maior profundidade mais adiante: a História Regional.

Por ora, passemos às outras notas que devem constituir o acorde conceitual de região, para além desta ideia matriz de que a região é uma divisão do espaço. Do ponto de vista estritamente geográfico[17], se uma região é uma unidade definível no espaço, o que permite pensá-la precisamente como "unidade" (segunda nota característica deste conceito) é precisamente a ideia de que se pode enxergar nela certa "identidade". De fato, uma região se caracteriza por uma relativa homogeneidade interna com relação a certos critérios. Temos aqui a "di-visão" à qual se refere Bourdieu[18]: com a noção de região, pode-se "ver" o espaço cindido. Ou, antes, pode-se ver de maneira cindida o espaço, pois sempre, e em todos os casos, a região não é mais do que uma construção da mente que destaca certos aspectos em uma área, e que a compara com outras.

Uma área unida por certos elementos que lhe trazem alguma homogeneidade, ao menos a partir de certa perspectiva, separa-se de outras regiões, ou de outras porções do espaço que apresentam características diferentes. Essa operação mínima, conforme veremos, permite que comecemos a pensar o espaço em termos de regiões, embora ainda sejam necessários outros fatores para que estejamos mais propriamente diante de uma região, e não de outros tipos de divisões que podem cortar o espaço. Até aqui, nosso conceito de região pode ser representado com um acorde em formação, o qual se expressa através das seguintes notas características:

---

[17] A palavra, por outro lado, tem origens etimológicas que transcendem as motivações geográficas. Em "A ideia de região", o sociólogo francês Pierre Bourdieu registra os seguintes comentários, extraídos de uma definição de Emile Benveniste: "A etimologia da palavra região (*regio*) [...] conduz ao princípio da di-visão, ato mágico, quer dizer, propriamente social, de diacrisis que introduz por decreto uma descontinuidade decisória na continuidade natural [...] *Regere fines*, o ato que consiste em 'traçar as fronteiras em linhas retas', em 'separar o interior do exterior, o reino sagrado do reino profano, o território nacional do território estrangeiro', é um ato religioso realizado pela personagem investida da mais alta autoridade, o *rex* [...]. A regio e as suas fronteiras (*fines*) não passam do vestígio apagado do ato de autoridade que consiste em circunscrever a região, o território [...], em suma, o princípio da di-visão legítima do mundo social" (BOURDIEU, 1989, p. 113-114).
[18] BOURDIEU, 1989, p. 113.

Quadro 2 Esboço do conceito de região

Será conveniente, em seguida, atentarmos para o fato de que a homogeneidade interna de uma região, sempre relativamente a algum critério (uma função econômica que atravessa aquela porção do espaço através de uma prática agrícola ou industrial predominante, uma certa paisagem geográfica mais recorrente, a presença de características físicas ou populacionais bem definidas, ou quaisquer outras), não implica necessariamente a inexistência de diversidade interna no espaço que pretendemos compreender como uma região. Ao lado da cisão entre um "dentro" e um "fora", uma região pode apresentar até mesmo muita diversidade interna. Ela pode inclusive suscitar novas subdivisões no espaço, e se partir em áreas distintas, sem que isso prejudique a possibilidade de que ela continue a ser entendida como uma unidade. O principal é que, se pretendemos falar mais seriamente de uma região, tenhamos em vista algo que unifica este espaço, que permita confrontá-lo a outros, que lhe traga certa singularidade no interior da totalidade à qual a região se refere (planeta, continente, país).

Pode ser que aquilo que traz identidade à região seja um determinado padrão visual, físico, econômico, cultural, certo universo eleitoral ou jurisdição afeita a este ou àquele poder, ou ainda, como é muito comum, determinada função que a região exerce no seio de um sistema maior. Os elementos que trazem "identidade" e "unidade" à região podem variar – e serão sempre redefinidos de acordo com os critérios escolhidos por aquele que pretende operacionalizar o conceito – mas eles precisam existir. Esses elementos constituem os aspectos a partir dos quais se pode efetivamente discorrer sobre por que o espaço foi dividido de uma maneira, e não de outra. Vejamos, em seguida, uma representação mais complexa do acorde conceitual de "região":

Quadro 3 O conceito de região

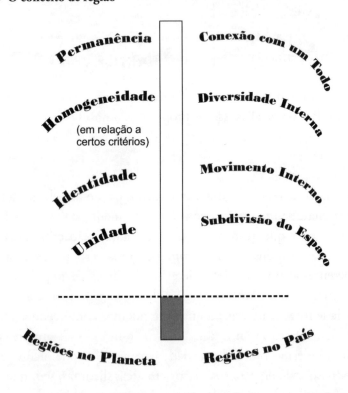

O esquema acima (quadro 3) apresenta as principais notas características que habitualmente estão envolvidas na constituição do conceito de "região". Acima da linha pontilhada, encontram-se as notas que devem interagir de modo a constituir este conceito (correspondem, mais propriamente, à chamada "compreensão" do conceito). Abaixo da linha pontilhada estão os casos aos quais pode se referir um tal conceito de região, uma vez que ele seja definido a partir das características acima propostas (esta é a chamada "extensão" do conceito).

Vamos nos concentrar, inicialmente, nas notas características do conceito de região. Temos aqui fatores diversos que interagem, e que devem acontecer todos de uma única vez para que tenhamos, de fato, uma região[19]. Uma "subdivisão no espaço" – e, no entanto, uma "unidade" dotada de "identidade" e de "homogeneidade" com relação a algum critério (uma função que a caracteriza, certas características físicas ou humanas, entre outros possíveis). Não obstante isso, a região pode perfeitamente comportar uma eventual "diversidade interna", susceptível mesmo de promover novas divisões no espaço (áreas internas à região). Uma "permanência" considerável no espaço e no tempo é o que permitirá que a região seja de fato vista como uma área bem-definida, senão pelos seus próprios contemporâneos e habitantes, ao menos pelos pesquisadores que a estudarem. Por vezes, aliás, são os próprios estudiosos aqueles que assumem a tarefa de definir os limites e contornos de uma região com referência a um problema científico qualquer. Com relação ao fator "permanência", este não impede que a região apresente uma dinâmica interior, um movimento interno, ciclos e transformações divergentes. No quadro 3, sintetizei através da expressão "movimento interno" todas essas possibilidades de dinâmica e transformações que podem se dar no interior de uma região[20]. Por fim, salienta-se ainda, para qualquer região, uma "conexão com um todo", que pode ser o planeta, o continente, o país, ou ainda outras totalidades a serem definidas.

O último aspecto nos leva a pensar em vários tipos de regiões que podem ser abordados a partir das notas características acima formuladas para este conceito. Já vimos que, considerando níveis de análise diversos, podemos delinear as regiões como subdivisões que recortam o espaço planetário ou continental, ou que recortam um espaço nacional. Podemos até mesmo pensar em regiões que são partilhadas por dois ou mais países, como é o caso da Região do Prata, a qual é compartilhada pelos países da parte meridional da América do Sul. A região Amazônica – definida por uma vasta bacia hidrográfica de sete milhões de quilômetros quadrados e pela floresta latifoliada que a recobre – adentra nove países da América do Sul, inclusive o Brasil.

---

19 Um conceito, tal como já discutimos em outro livro, é como um "acorde musical" formado por diversas notas. Nele, todas as características devem soar de uma única vez, formando uma unidade que corresponde à "compreensão" do conceito (BARROS, 2016).

20 Veremos alguns casos, oportunamente. Uma região no Brasil-Colônia, embora unificada na sua função econômica mais geral em relação ao todo (o sistema Colônia-metrópole), não deixava de ter a sua diversidade e movimentos internos, além de se comunicar com outras regiões através de um mercado interno. Outro exemplo, agora da Geografia. O Sertão Nordestino é uma região com certas características; está, entrementes, sujeito a um ciclo de recorrência de secas que impõe radicalmente, nesses momentos, a mudança em sua fisionomia climática, vegetal e de ocupação humana.

As regiões globais, as regiões intranacionais, e as regiões internacionais, portanto, constituem os tipos de espaços que podem ser definidos como regiões. As regiões globais – aquelas que são recortadas da totalidade planetária – podem se referir a grupos de países, ou então a grandes áreas que dizem respeito a aspectos geográficos diversos.

Países vizinhos, em geral – por exemplo, os países que ficam em certa parte de um continente, ou ainda países vizinhos que pertençam a continentes diversificados, como no Oriente Médio – são frequentemente vistos como regiões pelas análises políticas e pela História Global. Países que partilham uma mesma porção do oceano – o Atlântico Sul ou o Atlântico Norte – também podem ser abordados como regiões inseridas na totalidade global. Critérios geográficos – um grande deserto, como o Saara, ou então a área abaixo dele, chamada de África Subsaariana – podem servir de base para o delineamento de uma região.

Outros exemplos são os recortes do planeta por regiões climáticas, ou pelo predomínio de certos tipos de vegetação. Há por exemplo uma "geografia da fome", a qual busca definir as regiões do planeta que condizem com os diversos níveis de nutrição e desnutrição.

As regiões relativas a recortes no interior de países específicos tornaram-se muito importantes para a historiografia. Os próprios governos e sistemas políticos de cada Estado-nação, quando este possui um território que não seja muito pequeno (casos excepcionais), costumam dividir o país em regiões que funcionam como unidades políticas menores (estados, províncias etc.). Mas os próprios cientistas sociais, em sua diversidade de pesquisas, podem delinear eles mesmos suas próprias regiões de referência, de acordo com critérios que veremos mais adiante.

Neste livro, o que nos está interessando são principalmente as regiões como construções dos historiadores, geógrafos, antropólogos, economistas e outros cientistas sociais. Pode ser que as regiões por eles consideradas ou por eles constituídas coincidam com áreas pré-definidas politicamente, dependendo do que está em estudo. Isto, porém, constitui apenas uma possibilidade entre muitas outras.

Voltemos, entrementes, aos aspectos que podem ser pensados como notas características para o conceito de região. Dizíamos atrás que um dos fatores que permitem que pensemos em regiões é a sua homogeneidade (a homogeneidade do seu espaço), sempre com relação a um critério ou mais. Devemos acrescentar que os elementos internos que concedem uma identidade à região (e que só se tornam perceptíveis quando estabelecemos critérios que favoreçam a sua percepção) não são, desde sempre, necessariamente estáticos. Daí que a região também pode ter a sua identidade delimitada e definida com base na percepção certo padrão de inter-relações dentro dos seus limites. Vale dizer, a região também pode ser entendida como um sistema de movimento interno. Por outro lado, além de ser uma porção do espaço organizada de acordo com um determinado sistema ou identificada através de um padrão, a região quase sempre se insere ou pode se ver inserida, conforme já vimos, em um conjunto mais vasto.

Esta noção mais completa de região – como unidade que apresenta uma lógica interna ou um padrão que a singulariza, e que ao mesmo tempo se mostra como unidade a ser inserida ou confrontada em contextos mais amplos – abrange possibilidades diversas. Conforme os critérios que sustentem nosso esforço de aproximação da realidade, surgem concomitantemente as várias alternativas de dividir o espaço em regiões mais definidas.

Posso estabelecer critérios econômicos – relativos à produção, circulação ou consumo – para definir uma região ou dividir uma espacialidade mais vasta em diversas regiões. Em contrapartida, posso preferir critérios culturais: considerar uma região linguística, ou um território sobre o qual são perceptíveis determinadas práticas culturais que o singularizam, certos modos de vida e padrões de comportamento nas pessoas que o habitam[21]. Ao enfatizar aspectos da geografia física, posso me orientar por critérios geológicos – e estabelecer em um espaço mais vasto as divisões que se referem aos tipos de minerais e solos que predominam em uma área ou outra – ou posso ainda considerar zonas climáticas ou bacias hidrográficas. O que ocorre, em todos estes casos e muitos outros, é que a região – encarada como subdivisão do espaço – decorre sempre de certa definição do espaço, pois mesmo este também constitui um conceito a ser construído.

---

21 Na Espanha contemporânea, entre os principais fatores que trazem identidade a algumas de suas regiões – tais como a Catalunha, a Galiza e os Países Bascos – está a língua. Cada uma destas regiões é unificada por uma língua – respectivamente o catalão, o galego, o basco – que se confronta em nível popular contra o espanhol, a língua oficial do país. A língua e a cultura específicas em cada uma destas regiões constitui um fator tão intenso de unidade, que não é de se estranhar que em cada um desses espaços tenha grassado um forte movimento separatista que almeja transformar a região em nação.

A Geografia, é de se esperar, privilegia certos critérios: habitualmente lança luz sobre aspectos que se relacionam com a materialidade física – atmosférica, inorgânica ou orgânica – e pode ou não relacionar estes aspectos a outros de ordem cultural e histórica (como é o caso, de modo geral, da Geografia Humana)[22]. De um modo ou de outro, é importante se ter em vista que mesmo os critérios propostos como "naturais", com vistas a delinear regiões, comportam decisões subjetivas[23].

De resto, cumpre notar que as diferentes propostas de dividir o espaço em regiões, valendo-se cada qual dos seus próprios critérios ou patamares considerados, nem mesmo na melhor das hipóteses coincidem exatamente. Pode-se dar que uma região administrativa ou política (um estado em um país, p. ex.) tenha se constituído levando-se em consideração os obstáculos físicos oferecidos por montanhas e rios. No máximo teremos isto. No mais, as propostas para a divisão do espaço em regiões linguísticas, produtivas, consumistas, culturais, religiosas – entre outras tantas possibilidades – sempre oferecerão um jogo de espaços superpostos cujos contornos não coincidem. A divisão do espaço em regiões – necessária tanto à política como à ciência, e mesmo ao senso comum – é incontornavelmente uma construção: subterfúgio, esforço ou espontaneidade da mente.

Isso não impede, é claro, que uma construção espacial – seja esta política ou científica – interfira em outras, produzindo novas complexidades. Assim, quando o jogo de decisões políticas conduz a uma certa divisão do espaço nacional em unidades federativas, produzindo fronteiras que definem naturalidades (pertenças por nascimento a esta ou àquela unidade federativa), pode se dar que a partir daí se criem novos delineamentos culturais.

---

22 Milton Santos, p. ex., propõe considerar o espaço como "a soma indissociável entre sistemas de objetos e sistemas de ações" (SANTOS, 2013, p. 46 e 94). Essa combinação de materialidade e ação humana na definição de espaço permite ao pesquisador enxergá-lo de maneira dinâmica, a partir de uma dialética de fixos e fluxos. Já o geógrafo Vidal de La Blache, conforme veremos mais adiante, tende a definir ou confundir o espaço com o meio físico, terminando por enxergá-lo tão somente como permanência, e não como movimento.

23 Diz-nos Bourdieu: "Ninguém poderia hoje sustentar que existem critérios capazes de fundamentar classificações 'naturais' em regiões 'naturais', separadas por fronteiras 'naturais'. A fronteira nunca é mais do que o produto de uma divisão a que se atribuirá maior ou menor fundamento na 'realidade' segundo os elementos que ela reúne, tenham entre si semelhanças mais ou menos numerosas e mais ou menos fortes (dando-se por entendido que se pode discutir sempre acerca dos limites de variação entre os elementos não idênticos que a taxonomia trata como semelhantes)" (BOURDIEU, 1989, p. 114-115).

A delimitação política do espaço pode produzir uma cultura (e, portanto, contribuir para que se incorporem à região certas características culturais). E aspectos culturais – como a língua falada em certo lugar – podem servir como elementos de pressão para novos delineamentos políticos. De todo modo, isso pode acontecer ou não. Uma população pode resistir culturalmente ao delineamento político que lhe foi imposto, e a vontade política pode resistir às pressões culturais.

Vale lembrar que o mundo humano e o mundo natural também se interferem mutuamente de muitas maneiras. Certa política de ocupação do espaço, ou determinadas práticas econômicas, podem ocasionar desmatamentos, desertificação, mudanças climáticas, de modo que uma região produzida por demandas políticas pode, em longo prazo, implicar mudanças nos aspectos naturais. Com o tempo, as gerações seguintes podem mesmo esquecer que o ambiente no qual residem apresenta aspectos naturais que foram produzidos pela ação humana, política ou econômica.

6 A região diante de um problema

Conforme vimos até aqui, a constituição de determinada porção do espaço como "região" envolve um certo conjunto de decisões (ou mesmo de arbitrariedades, em alguns casos) que se referem a certas escolhas. Em primeiro lugar, a totalidade considerada (a região como pedaço do mundo, do país, ou de algum outro tipo de espaço). Em segundo lugar, o âmbito de estudos ou de ações práticas que define a proposta de divisão do espaço em curso: Economia, Cultura, Política, Educação, espacialidade física, administração pública, e assim por diante. Em terceiro lugar, o problema a ser estudado – no caso de pretendermos definir uma região a ser operacionalizada para estudo científico – ou o problema a ser enfrentado (administração estatal, saúde pública etc.).

Quero discutir agora um quarto aspecto que deve entrar em consideração na delimitação de uma região ou de uma área (conceito vizinho, às vezes empregado como alternativa ao conceito de região). Conforme veremos, certas perspectivas teóricas ou metodológicas também podem interferir na escolha do contorno e da extensão da região a ser definida (e isso ocorre frequentemente). Quero trazer um exemplo bem concreto da Geografia, e a partir daí poderão ser pensados outros.

Em 1946, um médico-geógrafo natural de Recife, chamado Josué de Castro (1908-1973), publicou um livro que se tornaria um marco para a

Geografia, Política, Economia, Demografia, Saúde Pública e ciências da Nutrição. *Geografia da fome* (1946) foi o título desta obra que, pioneira, decidira enfrentar a tarefa de geograficizar a fome no Brasil[24]. A Fome, flagelo cujo destaque se reforçara ao final do segundo conflito mundial, aparece nesta obra como um problema a ser espacializado, para daí se possibilitar o seu enfrentamento político ao invés de se deixar que a fome seja "naturalizada" como um dado incômodo que decorre meramente das estatísticas populacionais[25].

Algumas perguntas mostravam-se incisivas. Como era (e fora) a Fome distribuída sobre o território nacional, nos períodos mais recentes e em momentos históricos um pouco mais recuados? Antes disso, o que é, mais propriamente, a Fome? Quais são as modalidades de fome ameaçam a humanidade? Que relações se estabelecem entre a Fome e o seu oposto – a Nutrição – e como para este par dialético contribuem o próprio ciclo de vida e o ecossistema, integrados a uma civilização e a uma economia que se apoiam visivelmente em uma enorme desigualdade social, ainda muito longe de ser resolvida ou mesmo minimizada pelos seres humanos? Como se relaciona a Fome com sua companheira inevitável, a Doença, e com o abismo do qual ela se avizinha, a Morte?

A começar pelo estudo mais sistemático do potencial nutritivo do solo em que vinham vivendo os seres humanos em cada região do país, e no qual cresce a natureza vegetal abrindo possibilidades para a vida animal, Josué de Castro criou seu método. O exame geograficizado e historicizado da pobreza ou da riqueza da terra e do seu entorno ecológico, em confronto dialético com o alarmante empobrecimento coletivo e enriquecimento de uns poucos indivíduos proporcionados pelos diversos sistemas econômicos, constituiria a base para esta inovadora análise da espacialidade da fome[26].

Essa extraordinária obra mereceria uma leitura e estudo à parte, mas este não será o nosso objetivo aqui. Apenas a tomamos como exemplo para verificar

---

24 Em uma outra escala – agora tomando como totalidade a ser examinada não mais o Brasil, mas o próprio mundo – Josué de Castro publicaria seis anos mais tarde a *Geopolítica da fome* (1951). Outras obras importantes foram *O livro negro da fome* (1957), *Sete palmos de terra e um caixão* (1965) e *Homens e caranguejos* (1967).

25 *Geografia da fome* (1946) beneficia-se em 1960 de uma edição atualizada. Algumas de suas análises referem-se a períodos históricos, de modo que ainda hoje, quando temos um novo quadro alimentar, a obra desperta interesse.

26 Um primeiro ensaio de espacialização da fome já havia sido desenvolvido por Josué de Castro, anos antes, em *A alimentação brasileira à luz da geografia humana* (1937).

como Josué de Castro delimita e define as suas regiões, ou, mais propriamente, as "áreas da fome" que ele identifica no território brasileiro. Quero apenas discutir, neste momento, como um tipo de delineamento e de abordagem do espaço deve interagir com as escolhas conceituais, com as decisões metodológicas e com o problema em estudo. Meu interesse é mostrar que a teoria e o método, bem como certas decisões técnicas de análise, também adentram a combinação de fatores que proporcionam o estabelecimento de um recorte científico do espaço, de um conjunto de áreas a serem problematizadas.

Em primeiro lugar, tudo parte dos conceitos. Não é possível simplesmente delimitar um espaço, ou se apropriar de uma concepção já existente de espaço com vistas a determinado estudo ou prática social, se não estabelecemos antes, com seriedade e coerência, os nossos conceitos. O principal conceito imposto pelo problema que foi enfrentado pelo geógrafo Josué de Castro não podia deixar de ser o da própria "fome". Como médico e nutricionista que era – além de ser um notável geógrafo que incluía em seu acorde interdisciplinar a atuação política dirigida contra a fome e a miséria[27] – Josué de Castro se orientou por uma definição de fome apoiada na biologia e na fisiologia humana.

Existiriam dois tipos fundamentais de fome: a *subnutrição*, que é a fome provocada por carências alimentares (níveis inadequados de assimilação de vitaminas, sais minerais e proteínas) e a *inanição*, estado que se avizinha da morte em decorrência da ausência prolongada de alimentos. A primeira, embora não receba tanta visibilidade quanto à segunda, seria igualmente perniciosa nas suas formas mais intensas, pois destrói a vida por dentro da própria vida, lentamente, levando a doenças e a um silencioso morrer cotidiano. A subnutrição radical pode ocasionar, de resto, problemas coletivos como o do raquitismo, entre outros. Josué de Castro destaca a importância de os seres humanos se conscientizarem a respeito desta modalidade de fome à qual chega a se referir como a "fome oculta":

> [Eis aqui] a fome parcial, a chamada fome oculta, na qual, por falta permanente de determinados elementos nutritivos em seus regimes habituais, grupos inteiros de população se deixam morrer lentamente de fome, apesar de comerem todos os dias[28].

---

27 Josué de Castro exerceu dois mandatos como Deputado Federal em Recife, dirigindo sua atuação política para projetos como a Reforma Agrária e outros correlacionados a seus interesses em saúde pública, como a regulamentação da profissão de nutricionista.
28 CASTRO, 1992, p. 37. O autor observa, no prefácio de 1960, que esse novo conceito de fome, abarcando a subnutrição, não se deu sem enfrentamentos importantes. Apenas a par-

Além de perceber na Fome estas duas fomes – a subnutrição e a inanição – Josué de Castro também as situa em uma perspectiva de diferentes escalas. Conceitualmente, a Fome também deveria ser percebida em três alternativas, conforme a escala de espraiamento. Há a fome coletiva – quando a subnutrição ou a inanição se generaliza em uma espacialidade mais ampla e atinge um conjunto bem maior da população. Há a fome local, que se restringe a uma área bem menor, e que pode ocorrer, inclusive, sob a forma de bolsões no interior de áreas mais amplas, não classificáveis propriamente como áreas de fome. Pode-se pensar ainda na fome individual, quando nos referimos ao indivíduo que morre de fome no interior de suas circunstâncias e de sua trágica trajetória individual, destacada da experiência coletiva.

Definido o conceito, chegamos ao ponto que nos interessa. Como se tratava de espacializar a fome, de percebê-la no interior e na extensão de um território nacional, cumpria agora definir as "áreas de fome". Josué de Castro tomou como base para partição de espaço uma divisão apenas inicial em regiões que, em suas linhas mais gerais, já existia na época. Seu mapa das regiões alimentares (e da fome) aproveita um pouco uma divisão política do território brasileiro que já vinha sendo proposta desde 1938 pelo IBGE, recortando o país em cinco regiões[29]. Além disso, Josué de Castro incorpora alterações que o próprio IBGE acabara de propor em 1945. De qualquer modo, o autor estabeleceu nas linhas de contorno algumas adaptações, com vistas ao seu problema específico de estudo.

---

tir de certo momento esta nova compreensão do conceito de Fome teria sido assumida pela FAO – órgão da ONU dedicado à Agricultura e à Alimentação, e do qual o próprio Josué de Castro chegou a ser presidente. Antes disso, a ONU preferia falar da "subnutrição dos povos", deixando a fome apenas para os casos visivelmente extremados de inanição (1992, p. 37).

29 O Sul, então, abarcava também o que hoje é definido como uma Região Sudeste. O Centro (ou Centro-oeste) incluía o Estado de Minas Gerais. O Norte incluía também o Maranhão e Piauí (que em 1945 passaria a integrar-se a uma das áreas do Nordeste). O Nordeste, além de não incluir o Maranhão e Piauí, também não incluía a Bahia.

Mapa das "áreas de fome", proposto por Josué de Castro e incluído no prefácio de 1960 para *Geografia da fome*.

Destaca-se a separação do Nordeste em dois. As "áreas de fome" seriam a Amazônia, o Nordeste Açucareiro, o Sertão Nordestino, o Centro-oeste e o Sul. Fome, mesmo, estaria nas três primeiras áreas, conforme veremos logo adiante. É importante notar que é a atenção aos tipos de solo e de vegetação – cruciais para o problema examinado – que levam o autor a acatar inicialmente uma divisão geográfica já existente, mas empreendendo algumas adaptações importantes. O essencial, contudo, é a sua definição mais precisa de "área de fome", a qual se agrega ao mapa proposto. Seria uma área de fome aquela na qual pelo menos metade da população sofre de subnutrição e/ou inanição.

O conceito de área de fome, visto sob o ponto de vista da aferição do contingente demográfico que é afetado pela fome coletiva, é um aspecto essencial do modelo de Geografia da fome proposto por Josué de Castro[30].

---

30 "Para que uma certa região possa ser considerada área de fome, dentro do nosso conceito geográfico, é necessário que as deficiências alimentares que aí se manifestam incidam sobre a maioria dos indivíduos que compõem o seu efetivo demográfico" (CASTRO, 1992, p. 59).

Além disso, o delineamento de uma área de fome também deveria ser visto sob a perspectiva do tempo no qual perdura o flagelo da subnutrição ou da inanição. Se na população localizada há uma permanência, uma continuidade do estado de subnutrição que parece se eternizar, tem-se a "fome endêmica". Se a fome coletiva é provisória, mesmo que mais terrível, tem-se uma "fome epidêmica".

Estas notas conceituais – endemia e epidemia – vinham do vocabulário médico já utilizado para as doenças que se espraiam por uma população. No estudo de Josué de Castro, aliás, Fome e Doença andam juntas. Uma gera a outra. Um dos objetivos da pesquisa, inclusive, é correlacionar os tipos de doenças que surgem, em cada uma das áreas de fome, em decorrência da especificidade das carências alimentares que as afeta.

Neste ponto, a conceituação assume um novo nível de aprimoramento. Em cada uma das áreas de fome, o contorno local da subnutrição é gerado por uma configuração singular de doenças, a qual se dá em decorrência da junção do sistema social de desigualdade em vigor com o ambiente natural específico de cada área – considerando que em cada uma das regiões a combinação de solo e natureza impõe, para a população menos favorecida, certas carências de vitaminas, sais minerais ou proteínas. Não posso me estender nesta importante parte do estudo, pois nos distanciaríamos muito do nosso propósito, que é apenas o de compreender como Josué de Castro lidou com o espaço e com a divisão do espaço para este problema específico que configura uma Geografia da fome.

Distinguimos atrás a "fome endêmica" e a "fome epidêmica" – definíveis respectivamente como aquela que apresenta uma longa duração, tornando-se constante e aparentemente permanente, e aquela que apresenta uma duração mais curta (um surto de fome, p. ex., ocasionado por certas circunstâncias)[31]. Na África, existem certas regiões nas quais a fome – na sua forma "inanição" – tornou-se endêmica. Nos países assolados pela guerra, ou atingidos por alguma catástrofe natural, pode ocorrer uma fome epidêmica, que depois será debelada, e que talvez nunca mais retorne. Todavia, existe a situação singular das "fomes epidêmicas" que são "cíclicas". Conhe-

---

[31] As áreas de fome estudadas por Josué de Castro assim se dividem com relação ao aspecto da endemia e da epidemia: as áreas endêmicas de fome são a Amazônia e o Nordeste açucareiro; o Sertão Nordestino é um exemplo de área epidêmica cíclica; o Sul e o Centro-oeste conhecem a fome, mas de forma atenuada. Podem ser vistos como áreas de subnutrição moderada.

cemos, no Brasil, o problema das secas no Sertão Nordestino, que retornam ciclicamente levando muitos habitantes a se transformarem em retirantes. É impressionante o contraste entre os momentos de seca e o razoável afloramento vegetal dos momentos em que ela não está presente. O compositor pernambucano Luís Gonzaga (1912-1989) imortalizou este contraste na famosa canção *Asa branca* (1947)[32].

Já que falamos em seca nordestina, aproveito para lembrar que um problema como este – de proporções sociais alarmantes – também pode demandar a delimitação de uma área ou região específica com vistas a uma racionalização que almeje enfrentar a questão. Por isso, o governo federal definiu em 1951 uma área que passou a ser chamada de "Polígono da Seca", e que abarca pedaços de quase todos os estados do Nordeste (a exceção é o Maranhão) e também o norte de Minas Gerais. Trata-se como uma região (ou área) o Polígono da Seca – uma delimitação operacional para o enfrentamento desta questão social, bem como para a formulação de políticas e estratégias com vistas a combater os males ocasionados pela recorrência cíclica da prolongada ausência de chuvas. Conforme se vê, cada problema a ser enfrentado ou estudado convida à formulação de novas divisões do espaço. Entrementes, voltemos à argumentação anterior.

Tendo terminado de forma muito simplificada esta modesta apresentação da obra *Geografia da fome*, quero retornar agora à definição de "área de fome". Josué de Castro define como áreas de fome aquelas em que pelo menos metade da população sofre a fome em alguma de suas modalidades (subnutrição ou inanição). Por que a metade? Este ponto nos coloca diante das escolhas metodológicas que devem ser feitas pelo pesquisador. Este precisa organizar a sua realidade examinada. É preciso oferecer uma imagem do problema. Um mapa, um limiar numérico, são recursos interessantes em uma argumentação e na exposição didática ou científica de um problema. Metade

---

32 O contraste entre o sertão da seca e o sertão da chuva é assim descrito por Josué de Castro em *Geografia da fome*: "Recobre o solo, nas épocas que se seguem às chuvas, o manto, em certas zonas contínuo e espesso, noutras um tanto ralo e esfarrapado, dos pastos naturais. É a babugem, formada pela associação de várias plantas, principalmente gramíneas, de ciclo vegetativo extremamente rápido, nascendo, crescendo e dando flor e semente num abrir e fechar de olhos. É esta vegetação rasteira que dá ao fenômeno da ressurreição da natureza nordestina após as chuvas um signo de transformação sobrenatural, mudando a cor de toda a paisagem em alguns dias, assustando o viajante que um dia atravessou o deserto e poucos dias depois, voltando pelo mesmo caminho, se embevece em meio à verdura" (CASTRO, 1992, p. 184).

de uma população sofrendo de fome, de fato, é um número que impressiona. 10% não impressionam muito a maioria das pessoas, ou impressiona menos.

Pode ocorrer, contudo, que daqui a anos – em um mundo que tenha avançado mais no combate à Fome e nos procedimentos para a sua minimização – estes 10% tenham se tornado então um limiar mais agressivo. Os números são relativos. Históricos. Hoje, por exemplo, uma cidade de cerca de trinta mil habitantes é vista como uma pequena cidade, ou ao menos como uma cidade média. Na Idade Média, seria vista como uma cidade enorme. De igual maneira, se era preciso 50% de Fome para impressionar as pessoas nos anos de 1940, hoje este limiar talvez tenha se reduzido, e no futuro pode se reduzir ainda mais (é uma esperança). Uma nova Geografia da fome, escrita em momentos distintos, redefiniria por certo o limiar de população faminta que é utilizado na definição de área de fome.

É o que eu dizia quando ressaltei que também as escolhas teóricas e metodológicas adentram a configuração de aspectos que incidem sobre o delineamento das regiões ou áreas. As escolhas do pesquisador também são demandas da sociedade na qual ele vive. Subdividir o espaço é uma operação que deve levar muitas coisas em consideração, em particular nos estudos científicos. As regiões não estão dadas previamente. Podemos produzir uma proposta nova de subdivisão do espaço, ou podemos adotar um modelo de subdivisão do espaço que já existe, se este favorecer nosso problema em estudo.

O problema, aliás, deve interferir tanto no contorno externo da região a ser constituída pelo pesquisador, como nos seus contornos internos, isto é, na sua divisão ou não em subáreas a serem consideradas, assim como nos desenhos destas últimas. Josué de Castro dá-nos um exemplo disso no quarto capítulo de *Geografia da fome*[33], em sua análise do Sertão Nordestino – uma das três áreas de fome efetivas, e particularmente a que tem a característica singular de ser uma área epidêmica de fome em decorrência das secas cíclicas.

Ainda no princípio do capítulo, o autor discrimina, no interior da região mais ampla do sertão nordestino, três subáreas mais específicas – Agreste, Caatinga e "Alto Sertão". Tal subdivisão interna, já tradicional, constitui o procedimento correto para o estudo desta região, de modo mais geral. O Agreste, área intermediária entre o litoral e a Caatinga, e o "Alto Sertão", área intermédia entre a Caatinga e a Região Amazônica, possuem nuanças próprias, do ponto de vista do clima e da vegetação. No entanto, conforme

---

33 Ibid., p. 175-263.

ressalta o autor, para o problema em estudo – uma Geografia da fome, com a concomitante identificação das áreas alimentares – as três áreas compõem uma unidade mais geral. O problema demanda tratá-las em conjunto, desprezando as nuanças internas:

> Embora nas características de seu revestimento vivo, e mesmo em certos aspectos de sua geografia econômica, cada uma destas subáreas apresente traços que lhe dão individualidade e impõem, num estudo de geografia humana, uma análise particularizada, para o nosso objetivo, de um ensaio de geografia alimentar da região, é perfeitamente dispensável a caracterização detalhada de cada uma delas, desde que em todo o regime alimentar mantém a mesma unidade de hábitos e de composição, com pequenas nuanças locais, variações de amplitudes semelhantes às de quaisquer outras áreas alimentares de certa extensão. Sob o ponto de vista alimentar, podemos agrupar as três subáreas numa só: a área do milho do sertão nordestino[34].

O problema examinado, portanto, com suas demandas teóricas e metodológicas, é o que deve conduzir não apenas ao delineamento da extensão e dos contornos de uma área ou região, como também aos critérios que a definem, bem como, por fim, à necessidade (ou não) de se subdividir a área internamente. A área, ou a região, não é um dado prévio. Se o pesquisador apropria-se de alguma divisão do espaço já existente – uma subdivisão político-administrativa das regiões, ou um recorte geográfico tradicional e já mais conhecido – deve empreender os ajustes necessários.

As escolhas, enfim, procedem do problema examinado, do âmbito de estudos no qual se insere a análise, das opções teóricas e metodológicas, da escala de observação empregada. A região, veremos oportunamente, nem sempre é aquilo do que se parte, mas também aquilo ao qual se chega.

Sobre a atualidade possível de *Geografia da fome*, suas análises pertinentes às raízes históricas do problema geográfico da fome no Brasil são ainda adequadas, desde que se observe que o quadro exposto tem suas balizas históricas bem-definidas. No Brasil e no mundo, a dependência dos regimes alimentares em relação ao tipo de produção local constituiu uma permanência até fins do período industrial. A partir dos anos de 1990, com prenúncios desde os anos de 1970, praticamente entramos em uma nova era (muitos a chamam de pós-industrial ou de sociedade global). Há mudanças importantes na antiga relação entre solo, agricultura e alimentação.

---

34 Ibid., 1992, p. 180.

Para além da própria globalização – a qual dá a tônica do novo período – destacam-se notáveis desenvolvimentos na rapidez e eficiência dos meios de transportes aéreos, terrestres e navais. Tornou-se possível transportar, por exemplo, extraordinárias quantidades de carne e cereais em verdadeiros "navios frigoríficos", unindo pontos distanciados do planeta[35]. O mesmo ocorre com relação a toda uma diversidade de produtos que, nos dias de hoje, pode chegar com muito maior facilidade e segurança ao sistema alimentar de cada país. Assim, cada vez mais o milenar problema da fome e da subnutrição deixa de ser uma incontornável consequência da produção local, para se reafirmar como uma ainda não resolvida questão social (e internacional) de distribuição da renda, além de se mostrar como uma questão de educação alimentar. A subnutrição, nesse mundo de variadas ofertas, pode ocorrer contraditoriamente também em estratos sociais mais favorecidos, pois um indivíduo pode sofrer de subnutrição por ignorância nas suas escolhas alimentares. Distribuir não só a renda, mas também a informação, é por isso questão de primeiro plano.

De todo modo, a monoespecialização da produção agrícola, em algumas localidades, não mais necessariamente implica lacunas nutricionais para a população do lugar. Ao lado disso, artifícios tecnológicos vários – apoiados na tríade da química, genética e mecanização – incrementaram cada vez mais a possibilidade de introduzir espécies vegetais e animais de um lugar original em outros que antes lhes seriam estranhos. O homem, por fim, pode agora impor aos mais renitentes solos novas potencialidades agrícolas. O que soa estranho, nesta nova era com tantas possibilidades, é que ainda haja tanta fome no mundo. Posto isso, retornemos aos problemas geográficos de divisão do espaço.

7 Áreas e zonas: outros divisores do espaço

O vocabulário da divisão espacial inclui mais alguns termos, de modo que será oportuno discutir eventuais distinções em torno dos conceitos de "região", "área" e "zona", entre outros conceitos divisores do espaço. Área e região são conceitos vizinhos, e em alguns casos empregados de maneira sinônima. Na obra que acabamos de examinar, Josué de Castro bem que poderia ter falado, ao invés de em "áreas de fome", nas "regiões de fome". Em algumas situações as noções de "área" e "região" são, de fato, intercambiáveis.

---

35 SANTOS, 2014b, p. 42.

Em seu uso mais tradicional, o qual não é necessariamente e nem sempre o mais adequado, as regiões podem se referir a um quebra-cabeça no qual certa totalidade (mundo, país, estado, cidade) é seccionada em diferentes porções do espaço que se ajustam mutuamente, encaixando seus contornos umas nas outras (tal como nos quebra-cabeças). As regiões impostas pela política e administração pública tendem a este modelo. Assim, nos dias de hoje essa totalidade que é o Brasil encontra-se oficialmente dividida em cinco regiões: Norte, Nordeste, Centro-oeste, Sudeste, Sul. Cada uma delas contém alguns dos estados brasileiros. Neste modelo de divisão regional, nada fica de fora ou nada sobra.

Esboço de mapa das regiões políticas do Brasil

No bem-ajustado quebra-cabeça político-administrativo das regiões tudo pode se encaixar, e a totalidade é rigorosamente preenchida conforme um plano que dá conta de toda a espacialidade envolvida. Alguns temas geográficos também se adéquam ao modelo do quebra-cabeça regional. Assim, é possível seccionar o planeta ou o país em certo número de regiões geológicas, ou seccionar esta mesma totalidade em conjuntos vários de regiões climáticas, biológicas, hidrográficas, entre outras. Estas diversas possibilidades de divisões em regiões de uma mesma totalidade, como o Brasil, não precisam se superpor obviamente nos seus contornos internos.

Esboço de mapa das regiões hidrográficas do Brasil

Deste modo, o aspecto construtivo das partilhas regionais pode ser vislumbrado desde o mais superficial exame dos mapas escolares que encaminham representações cartográficas do Brasil. Por outro lado, conforme veremos mais adiante, diversos temas de estudo autorizam o delineamento de uma região em torno de um problema específico, que não coincidirá necessariamente com as regiões impostas pelos poderes políticos ou pelos grandes patamares temáticos da Geografia. A isto, todavia, voltaremos no segundo capítulo deste livro.

Enquanto o delineamento de regiões pode oscilar, conforme o campo de aplicação, entre o modelo dos quebra-cabeças regionais e o da região definida por problemas específicos, a "área" tende a se mostrar como um recorte qualquer no espaço, o qual não precisa se encaixar necessariamente em um quebra-cabeça com outras áreas. Por isso, disse atrás que as "áreas de fome" postuladas por Josué de Castro bem que poderiam ter sido chamadas de "regiões de fome", sem prejuízo da compreensão ou sem inadequação na escolha desta categoria de análise. Já o chamado "polígono da seca", embora seja por vezes referido como região (a região do polígono da seca), poderia ser também categorizado como uma "área". Fez-se um recorte isolado no interior desta totalidade, o Brasil, configurando-se a porção do espaço nacional que sofre o flagelo da seca ou as agruras de um determinado tipo de clima. Não existe, todavia, um quebra-cabeça a ser preenchido com outras áreas análogas (o polígono das chuvas torrenciais, o polígono das chuvas moderadas). A área justifica-se por si mesma.

O Polígono da Seca é um recorte singular e único no território nacional, operado em função de um problema específico. De acordo com este viés, pode ser tratado como uma área. As áreas podem se superpor a outras áreas, relativas a problemas distintos. Além disso, não têm, necessariamente, um compromisso de se complementar. Já as regiões, na sua vertente de tratamento mais convencional, costumam compor um mosaico de encaixes, cujos contornos se ajustam e fazem fronteiras. Na História, este modelo pode ou não ser o mais indicado, conforme veremos oportunamente.

A dissolução de algumas áreas em momentos específicos, bem como seus contornos menos bem-definidos, contrasta com a tendência mais rigorosa na delimitação das regiões. Quando uma epidemia ocorre, ou um vazamento nuclear, pode-se falar em uma área de contaminação que perdurará em sintonia com o fenômeno que representa (a área liga-se a um tempo). Se há deslizamento de terra, correntes marítimas de maior repuxo no litoral, ou tubarões que o rondam em certa temporada, pode-se falar nas "áreas de risco". O mapa da criminalidade, e outros, podem se valer da mesma conceituação. Dos meteorologistas espera-se que, diante dos furacões, tornados e tempestades tropicais que estão prestes a se formar, sejam capazes de traçar as áreas nas quais se dará o seu percurso.

Bem-entendido, a área pode se formar dentro de uma região. Assim, o Sertão é a região ou sub-região do nordeste na qual se formam ciclicamente áreas de seca. A Seca pode atingir esta região em diferentes escalas, formando áreas de distintas grandezas. Secas parciais podem atingir e se restringir a localidades. Todavia, diversas secas atingiram áreas bem mais extensas. Em 1915, uma destas grandes secas espraiou-se por uma área que praticamente coincidiu com o Estado do Ceará, e em 1932 a Seca abarcou toda a região semiárida, recobrindo a área do chamado Polígono da Seca.

Tendo em vista a maior flexibilidade de seus contornos no espaço e no tempo, o conceito de área adquire uma potencialidade que nem sempre encontramos em certos usos do conceito de região. Se a região é o recorte que se estabelece no espaço, por outro lado a área, em algumas situações, pode ser vista como o "campo" que se estende sobre o espaço, em um sentido mais imaterial. Campo, aqui, não se refere só ao "espaço porção de terra", mas também ao campo de forças (espaço no qual se configura uma relação de forças, "espaço-energia").

Por isso, para aspectos relativos à cultura, o conceito de área, em sua ligação com a ideia de campo, agrega novas possibilidades. Fala-se, por exemplo, nas "áreas de influência" para ressaltar a conexão entre um espaço ou outro que age sobre ele através das transferências culturais, das heranças simbólicas, das ligações políticas. Um pouco por causa desta maior abstração do conceito de área, o qual tem a sua origem nas operações matemáticas e geométricas, as áreas também podem se referir ao espaço imaterial (o espaço do saber, p. ex.). Não é de se estranhar que tenhamos "áreas de conhecimento" (campos de saber).

Um terceiro conceito divisor do espaço é o de "zona". Mais flexível, trata-se de uma noção que ora se avizinha do conceito de região, ora se aproxima da ideia que podemos fazer de uma área. Temos o primeiro caso – as zonas como subdivisões de uma região em sub-regiões – em algumas grandes cidades. A cidade do Rio de Janeiro, por exemplo, é dividida pela administração pública e pelo imaginário cotidiano em Zona Norte, Zona Sul, Zona Oeste e Centro. Rigorosamente falando, temos aqui as quatro macrorregiões da cidade[36]. Com

---

[36] Em um novo nível, para além deste mais generalizante, temos também as "regiões administrativas". Na cidade do Rio de Janeiro, são trinta e três, distribuídas pelas quatro zonas.

as quatro zonas, em perfeito encaixe e com as fronteiras bem-definidas de umas em relação às outras, abarca-se toda a espacialidade urbana sem deixar sobras. Em um nível escalar de maior amplitude – o do planeta – a noção de "zonas" também tem sido empregada em aproximação a "regiões". Do polo norte ao sul, as cinco zonas climáticas da terra cortam de alto a baixo a esfera planetária, como sessões horizontais.

Não obstante, por vezes a noção de "zona" aproxima-se mais do conceito de "área". Ainda dentro da espacialidade urbana, podemos falar na "zona do meretrício". Temos aqui um recorte no espaço urbano, definido por certa prática. É uma área permanente, embora clandestina. Tem-se também, nas cidades costeiras, a zona portuária – uma área naval e ligada ao comércio marítimo. Por outro lado, a noção de zona também pode se referir a áreas não permanentes: a zona de contaminação, ou as zonas de conflito (praticamente sinônimos de "área de contaminação" e "área de conflito").

Por fim, a noção mais flexível de zona pode ser utilizada para amplitudes maiores. Aqui, uma zona pode recobrir seções transversais de regiões diversas. A Zona da Mata, à altura da chegada dos portugueses nas terras que mais tarde conformariam o Brasil, era uma extensa faixa de floresta entre a margem litoral e as áreas interiores, às vezes limitada pelas montanhas, e que atravessava de alto a baixo o litoral do Nordeste, adentrando depois o que mais tarde seria a Região Sudeste.

8 A população e o fator humano

Problemas históricos e geográficos como o que examinamos em um dos itens anteriores – a temporalização e espacialização da fome – colocam em cena outro conceito importante, tanto para a Geografia como para a História: a população. Vimos, de maneira quase evidente, que não é possível pensar a Fome sem nos referirmos problematizadamente aos vários grupos humanos que ela afeta; e, em particular, sem falar em populações, desde que a intenção seja examinar a fome coletiva, e não a fome local ou a fome individual. Inúmeros outros problemas demandam conceitos como este: conceitos que nos colocam diante do fator humano e de sua adaptação ao espaço, de seu agir sobre ele. É assim que, com relação aos diálogos entre a História e a Geografia, o conceito de população e outras noções e conceitos correlatos ao "fator humano" – como a classe social, as etnias, e muitos outros – também conformam pontes interdisciplinares entre os dois saberes.

Vejamos isso, por ora, do ponto de vista da Geografia. Se o conceito de materialidade estabelece uma ponte entre a Geografia e a Geologia, e se o conceito de natureza liga aquele saber às ciências naturais, já um conceito como o de "classe social" lança pontes possíveis tanto para a História como para a Economia. A população, de sua parte, é objeto de preocupação não só da Geografia, mas de uma modalidade historiográfica que ficou conhecida como História demográfica.

As classes sociais – e também as ordens, castas, grupos sociais, categorias profissionais, faixas de consumidores, etnias, maiorias e minorias, gerações, bem como diversos outros recortes humanos – constituem divisões neste conjunto maior que é a população. É assim que, se a Geografia e a História lidam com uma série de conceitos pertinentes à divisão do espaço físico, estes precisam ser complementados com uma série de outros que correspondem às divisões do espaço social, e da própria diversidade humana que se estabelece sobre o espaço. Além disso, o conceito de classe social e outros correlatos são partilhados pelas diversas ciências humanas, de modo que se estabelecem aqui muitas pontes interdisciplinares.

Com relação ao conceito central, vamos considerar a população como um conjunto de seres humanos que compartilham certo espaço durante uma mesma duração de tempo, sendo levados a estabelecer relações sociais definidas e a conformar contornos que os separam de grupos análogos[37]. As escalas podem variar. Pode-se falar na população africana, por oposição às de outros continentes; mas pode-se falar da população de Uganda em sua distinção em relação à população do Congo. Para aquém das realidades nacionais, as regiões de um mesmo país apresentam populações, assim como as regiões intranacionais construídas cientificamente como recortes para a compreensão de certos problemas, tal como vimos na discussão sobre a geografia da fome. É importante lembrar que, ainda que a maior parte de populações esteja ancorada no espaço, existe uma parcela de populações nômades.

Podemos ampliar a escala muitas vezes, e continuaremos, até certo ponto, a encontrar possibilidades de utilizar o conceito de população para a compreensão de grupos sociais ou de redes de sociabilidade diversas. Assim, tam-

---

[37] No antigo Império Romano, de onde provém a palavra, o *populus* era o conjunto de homens vinculados através da *civitas*, sendo esta o ordenamento sociojurídico da cidade e estabelecido sobre a *urbs* (o espaço urbano), ou mesmo sobre a *ager* (espaço rural correlacionado à urbs).

bém temos populações nos bairros e vizinhanças. Há um momento no qual, é claro, a população encontrará seu limite mínimo: já não podemos falar nela se temos um único indivíduo, ninguém certamente questionará isto. Mas até que tamanho mínimo de coletivo ainda podemos chegar com este conceito?

Por outro lado, para além das realidades nacionais, pode-se falar em populações para as regiões pensadas com relação a totalidades mais amplas (continentes e grupos de países). No limite máximo, fala-se da população planetária, ocupante da maior totalidade que pode ser trabalhada, por enquanto, pelas ciências humanas[38].

Alguns conceitos relativos ao fator humano podem cair em desuso. O exemplo mais notório disso – entre os muitos conceitos que se propõem a configurar recortes no interior da população humana como um todo, ou no âmbito de uma população regional em particular – é o conceito de "raça", o qual apresentou até meados do século XX uma forte penetração nas ciências humanas e nas ciências naturais. Depois, entretanto, tanto em decorrência de desenvolvimentos na Antropologia, como em consequência de pesquisas encaminhadas no âmbito da Biologia (o Projeto Genoma, p. ex.), o conceito começou a ser questionado.

De modo geral, os cientistas sociais, inclusive os historiadores e geógrafos, tendem a rejeitar a noção de "raça" nos dias de hoje. Considera-se que as raças não existem, o que não significa dizer que o "racismo" não exista, uma vez que prosseguem, independentes dos mais contundentes resultados de pesquisas científicas, os preconceitos, a segregação, o imaginário social sobre a viabilidade de pensar a humanidade como se esta estivesse dividida em grandes compartimentos de acordo com certas características tidas como naturais.

Fora isso, o conceito de "raça", embora um dia implantado ao lado de um projeto histórico de dominação de alguns grupos sobre outros, acabou sendo posteriormente evocado como bandeira de resistência por forças sociais como o movimento negro. Por isso, nas sociedades contemporâneas vivemos o paradoxo de termos uma forte rejeição científica do conceito de raça em franco convívio com o uso ainda muito fortalecido do mesmo conceito nos

---

38 Na Zoologia, ramo da Biologia no qual o conceito é amplamente empregado, a população é um conjunto de animais capazes de acasalar uns com os outros. Para além de se referir a um grupo de indivíduos – não importando se temos poucos ou milhões deles –, a população apresenta como característica irredutível a capacidade do grupo se reproduzir. Na Botânica, fala-se de populações de vegetais. Há populações de micro-organismos. De resto, uma mesma espécie pode abranger uma ou mais populações separadas.

movimentos sociais e no vocabulário jurídico. Na ciência, tende-se a reforçar a ideia de que não há distintas raças de seres humanos, mas apenas uma grande e única raça humana, surgida há muito em um rincão africano. No quadro geral de diversos movimentos sociais, entrementes, luta-se pela igualdade entre as raças.

Para além da possibilidade de gerar conceitos que se referem aos recortes no interior de um grupamento humano – classes, gêneros, gerações, e tantos outros – a população deve ser sempre e em todos os casos compreendida como algo dinâmico. As populações crescem e diminuem, expandem-se e se contraem, deslocam-se e se adéquam a novos espaços, são dotadas de movimentos internos e de ritmos que regem seus cotidianos. As populações são dinâmicas em todos os sentidos. Alguns dos conceitos geográficos expressam esta dinamicidade das populações e dos grupos humanos e redes de indivíduos que elas abrigam dentro de si.

O movimento de uma dada população entre dois espaços demanda conceitos como o de migração. Esta pode ocorrer como um evento único – certas diásporas e deslocamentos de povos na Antiguidade podem ser dados como exemplos – ou como movimentos sazonais (o caso dos migrantes das secas que ocorrem no Nordeste brasileiro). As migrações podem ocorrer de forma intermitente ou se expressar em fluxos migratórios contínuos, produtos da atração que certos espaços exercem sobre outros (o meio urbano sobre os meios rurais, a partir da era industrial). O mais importante, diante de toda esta grande variedade de possibilidades, é compreender que a migração sempre corresponde a um movimento que se dá entre dois espaços. Este deslocamento humano entre espaços pode envolver populações inteiras, ou apenas partes delas; pode ser eventual ou recorrente.

As populações, enquanto isso, também apresentam uma dinâmica de crescimento ou de retração que é bem expressa por noções como a de "densidade demográfica" – conceito que exprime, quantitativamente, uma relação entre o contingente populacional e o espaço que este ocupa. Os padrões de densidade demográfica, evidentemente, geram diferenciados modos de vida. São bem percorridas pelas ciências sociais as tentativas de elaboração de uma caracterologia do homem urbano, e são já muito antigas as evocações de contrastes entre a população urbana e a população rural.

Por fim, é preciso registrar que as populações existem através dos seus ritmos internos, dos fluxos diários que conduzem massas de trabalhadores para os seus locais de trabalho, do trânsito que recobre diariamente as redes viárias, das diversificadas atividades humanas. O movimento interno de uma população é precisamente o que lhe assegura a vida.

9 Paisagem

A relação entre as possíveis maneiras de dividir o espaço e os aspectos da materialidade física, sejam estes pertencentes à natureza ou à realidade construída pelo homem, conduz-nos a outra noção importante a ser considerada: a de "paisagem". Em uma definição geográfica possível, uma *paisagem* é o padrão visual decorrente das características geográficas concretas que se dão numa região – ou em uma extensão específica do espaço físico (pensemos na paisagem de um deserto, floresta ou cidade). Uma dicotomia clássica, a qual também deve ser relativizada, autoriza a que possamos falar de uma "paisagem natural", mas também de uma "paisagem cultural" – esta última dando a perceber as interferências do homem que acabam por imprimir-se na fisionomia de um determinado espaço, conferindo-lhe uma nova singularidade[39].

Por outro lado, é sempre importante se ter em vista as ambiguidades envolvidas no conceito de *paisagem*, o qual remete a múltiplas possibilidades de interação entre um espaço (uma terra, um território) e uma maneira de pensar ou perceber este território, de ser impactado por ele, ou mesmo de produzi-lo de uma perspectiva mais ativa.

Não é senão por isso que Donald Meinig (n. 1924), geógrafo estadunidense, chama atenção para o fato de que a paisagem é composta "não apenas por aquilo que está à frente dos nossos olhos, mas também por aquilo que se esconde em nossas mentes"[40]. Essa interação entre um espaço que parece se oferecer aos olhos a partir de certo padrão e um modo específico de ver que o

---

[39] É atribuída a Carl Sauer (1925) a primeira proposta mais bem delineada de uma divisão das paisagens em duas categorias: as paisagens naturais e as paisagens culturais (por muitos também denominadas "paisagens artificiais"). Milton Santos aceita com reservas a dicotomia entre paisagens naturais e artificiais. Em "Metamorfoses do espaço habitado" (1988), chama a atenção para a decisiva interpenetração entre o que poderia ser entendido como natureza e a artificialidade. Tendencialmente, e cada vez mais ao nos aproximarmos do período moderno, a paisagem passa a ser vista como "um conjunto heterogêneo de formas naturais e artificiais" (SANTOS, 2014b, p. 71).
[40] MEINIG, 2002, p. 35 [original: 1976].

redefine a partir de determinadas representações ou critérios a serem considerados está na base das diversas definições possíveis para o conceito de paisagem[41].

É ainda oportuno, com relação ao problema da interação entre a paisagem que é vista e aquele que a vê, lembrarmos a importante questão das escalas e dos patamares de observação. Se enxergamos a paisagem a partir do terraço de um edifício, ou se a contemplamos a partir da pequena janela de um avião, alcançamos, em cada caso, diferentes perspectivas. Conforme veremos em um item mais específico, essa possibilidade de aproximar ou afastar o patamar de observação – ou mesmo de aproximar ou distanciar o próprio instrumento de análise – é a operação que se relaciona ao que denominamos "escala".

Uma escala de observação, este é o ponto, interfere diretamente naquilo que se vê ao trazer visibilidade ou invisibilidade a aspectos que podem ou não ser percebidos por escalas distintas. Do patamar distanciado, percebemos uma totalidade mais vasta. Do patamar mais aproximado, em contrapartida, diversos detalhes de uma paisagem podem adquirir súbita visibilidade. Deste modo, o tratamento geográfico das paisagens não envolve apenas aquilo que se vê, mas também o "como se vê". Retenhamos isto, e sigamos adiante.

Retomando as já mencionadas relações entre espaço e percepção de padrões, pode-se dizer que a paisagem geográfica pode ser entrevista na apreensão da recorrência – em uma superfície ou espaço – de certos elementos que lhe conferem identidade, os quais tanto podem ser físico-naturais como humanos. Assim, a paisagem pode coincidir tanto com aquilo que o homem comum tende a perceber como uma "região natural" – uma noção que será preciso problematizar mais adiante – como pode ser derivada de um padrão cuja singularidade associa-se, por exemplo, a um tipo de ocupação agrícola ou de organização humana do espaço.

Para estes últimos casos, um campo de trigo preparado pela técnica de plantio, ou um trecho espacial de cidade de alta densidade demográfica, podem ser apontados ambos como instituidores de paisagens que apresentam

---

41 Na palavra alemã *"landschaft"*, e na derivação inglesa *"landscape"*, aparece mais claramente esta relação entre "terra" e o gesto verbal de "criar" ou "produzir", o que remete a expressão não apenas à ideia de "representar a terra" ou de estender um olhar sobre ela, mas também de "produzir a terra". Estes dois gestos, "produzir o espaço" e "representar o espaço", competem na etimologia da palavra. Entrementes, a expressão francesa *"paysage"*, que se sintoniza mais diretamente com o vocábulo análogo em português, funda-se no radical "pays", que desde a Idade Média se associa às ideias de "território" e "habitante". Deste modo, aqui se reeditam as interações entre a terra e o homem que a habita ou contempla.

culturalmente elaboradas as suas materialidades físicas. Enquanto isso, as impressões proporcionadas pela mutidiversificada vegetação que recobre uma floresta virgem, ou pela vasta extensão de areia de um deserto inóspito, podem ser relacionadas a "paisagens naturais".

Entrementes, se a noção de paisagem natural pouco ou nada interferida pelo homem seria válida para períodos históricos mais recuados, ela constitui uma categoria cada vez mais falsa à medida que adentramos a sociedade industrial, uma vez que, com as diversas práticas de um industrialismo predatório e com os inúmeros desdobramentos do desenvolvimento tecnológico, amplia-se cada vez mais a interferência humana no perfil planetário, na ecologia mundial, na dinâmica climática. Chegamos a um paradoxo típico do mundo contemporâneo: mesmo em áreas do planeta nas quais nunca tenha pisado um único ser humano individual, pode-se identificar a interferência do ser humano coletivo. As áreas "naturais" violentadas por desastres climáticos decorrentes das distantes práticas industriais são exemplos que falam por si.

Um pouco por isto, a divisão mais clássica entre "paisagens naturais" e "paisagens artificiais" deve ser instrumentalizada com cautela. De igual maneira, outra tendência contemporânea é a de confrontar o antigo modelo de tratamento das paisagens como ambientes estáticos, ou como quadros que podem ser expostos de uma vez por todas. Modernamente, entende-se que as paisagens – assim como o próprio espaço – acham-se sempre em permanente transformação. As paisagens são antes de tudo *processos* que entretecem, em uma única trama, a mutabilidade e a permanência:

> O espaço é o resultado dessa associação que se desfaz e se renova continuamente, entre uma sociedade em movimento permanente e uma paisagem em evolução permanente[42].

Metaforicamente falando, a passagem da discussão geográfica clássica sobre paisagens para as problematizações contemporâneas envolve a transição de uma perspectiva mais "fotográfica" para uma perspectiva mais "cinematográfica" de paisagem. No caso das paisagens urbanas, é bem evidente este jogo entre mutações e permanências. Podemos acompanhar as observações de Milton Santos, para quem "a paisagem é como um palimpsesto, isto é, resultado de uma acumulação na qual algumas construções permanecem, intactas ou modificadas, enquanto outras desaparecem para ceder lugar a novas

---

42 SANTOS, 1979, p. 42.

edificações"[43]. O conceito cinematográfico de paisagem coaduna-se mais adequadamente com esta ideia de que o espaço tem sua forma e seus contornos permanentemente redefinidos pela confluência entre os processos naturais, sociais e tecnológicos.

Para retomar a discussão sobre os elementos que o olhar toma para construir a identidade visual das paisagens a serem apreendidas, deve-se considerar que cada temática mais específica pode motivar a construção das suas próprias paisagens. Assim como existem as paisagens econômicas – sejam elas paisagens agrícolas ou paisagens fabris, as quais se baseiam em uma seleção de elementos da visualidade que dão a perceber a presença da ruralidade ou da fábrica em certa área – existem as paisagens tematizadas que remetem o pesquisador ou o observador a problemas diversos.

Há uma paisagem da guerra, da miséria, da fome, do medo, das classes sociais em luta, da religiosidade, do lazer, da tecnologia, da moda, dos estilos arquitetônicos, do controle disciplinar, do poder midiático que se espraia sobre uma região e aí estabelece seu domínio e práticas manipuladoras sobre a população local. Estas diversas paisagens referentes a extratos específicos de problemas, ou a instâncias singulares da realidade, às vezes são perceptíveis espontaneamente, outras vezes não. O geógrafo Yi-Fu Tuan assim se refere às paisagens hostis que apenas se tornam perceptíveis a partir de certo nível e direção de consciência:

> Pense agora nas forças hostis. Algumas delas, como a doença e a seca, não podem ser diretamente percebidas a olho nu. A paisagem da doença é uma paisagem das consequências terríveis da doença: membros deformados, cadáveres, hospitais e cemitérios cheios e os incansáveis esforços das autoridades para conter uma epidemia; no passado, esses esforços incluíam cordões sanitários armados, encarceramento obrigatório dos suspeitos de estar doentes e fogueiras mantidas acesas dia e noite nas ruas. A seca é a ausência de chuva, também um fenômeno invisível, exceto indiretamente pela devastação que produz: safra murcha, animais mortos e moribundos, pessoas mortas, desnutridas e em estado de pânico[44].

---

43 Milton Santos prossegue, elaborando uma interessante comparação entre o processo de constante formação e reformação de paisagens com os processos de atualização de uma língua: "Através desse processo, o que está diante de nós é sempre uma paisagem e um espaço, da mesma maneira que as transformações de um idioma se fazem por um processo de supressão ou exclusão, no qual as substituições correspondem às inovações" (SANTOS, 2013, p. 62). "Técnicas, Tempo, Espaço" [original: 1999].

44 TUAN, 2006, p. 13.

Os regimes totalitários também geram suas paisagens, explícitas e implícitas. A paisagem nazista, com suas suásticas espraiadas pelas ruas, destilava um combinado de entusiasmo e medo que cindia a população. Os sentimentos associados às paisagens estão de sua parte sujeitos ao domínio do tempo. As montanhas, florestas, assim como os mares, podem ter sido paisagens aterradoras em certas épocas[45]. Em outros tempos, talvez tenham se transformado em idílicos cartões postais.

Além das sensações envolvidas, o essencial para a pesquisa geográfica, historiográfica ou urbanística da paisagem – ou até mesmo para a cuidadosa pesquisa artística que precede a elaboração de um quadro – é compreender que a paisagem depende simultaneamente de um ponto de vista, de um tema de acesso e de um modo de busca. Se o lugar do observador e a escala de observação conformam instâncias constitutivas fundamentais da paisagem, esta depende ainda de uma temática de acesso e de um modo de busca.

Há um olhar que busca na paisagem as marcas da violência social – material ou simbólica – e que irá procurar os sinais de segregação, a hierarquização espacial da riqueza e da miséria, as tecnologias de segurança, os dispositivos sociais de controle, as cercas e portais que impedem ou franqueiam acesso aos diversos tipos e grupos sociais. Para este olhar, os cartazes que se perfilam na avenida denunciam as tentativas de controlar as tendências de consumo, bem como os artifícios da manipulação política. Há outro olhar que perscruta os estilos arquitetônicos, a história das fachadas, dos adornos e das epígrafes. E, assim, há muitos olhares, cada qual partindo de sua temática de acesso, de modo que não se contempla a paisagem simplesmente, mas nela se busca algo, ao mesmo tempo em que é esta mesma busca que a constitui.

O que se procura com o olhar – a natureza que se enlaça aos artifícios construídos pelos homens, as marcas da produção ou a curiosa "história em mosaico" das tecnologias que se superpõem umas às outras, entre tantos e tantos temas de busca – eis aqui uma instância definidora da paisagem, considerando que esta não pode ser examinada com mera neutralidade, como uma totalidade inerte que já tem tudo ou nada a dizer. Há o que se busca, mas também o modo de busca: o olhar paciente e atento dos botânicos e biólogos, o olhar recriador do artista ou o olhar inquiridor dos cientistas sociais. O policial que investiga o crime.

---

45 DELUMEAU, 2009, p. 54.

Cada modo de busca, mais rápido ou lento, detalhista ou generalista, permite que sejam vistas algumas coisas e não outras, que sejam recriados de uma certa maneira os elementos que se combinarão para configurar esta totalidade que se dá a perceber como paisagem. O ponto de vista, a escala, o tema de acesso e o modo de busca, portanto, constituem um primeiro conjunto de chaves requeridas para adentrar o fascinante mundo da paisagem.

Para finalizar estas observações iniciais sobre as paisagens geográficas, uma última tendência contemporânea de tratamento do tema ampara-se na própria ultrapassagem do fator da visualidade como único elemento a ser considerado na abordagem das paisagens. Podemos acompanhar uma interessante proposição de Milton Santos (1988). Por um lado, a paisagem é tudo aquilo que vemos, ou aquilo que a vista abarca ao sabor de determinados critérios em certo momento de observação. Por outro lado, se a paisagem pode ser definida como "o domínio do visível", ela é formada "não apenas de volumes, mas também de cores, movimentos, odores, sons"[46].

Não é à toa que, nascida conceitualmente no seio das práticas humanas que lidam com o espaço e com a visualidade – como a Geografia e a Pintura – a noção de paisagem daí migra para outros âmbitos, como a própria Música. Murray Schafer (n. 1933) – compositor canadense e ambientalista – introduz desde meados dos anos de 1960 o fascinante conceito das "paisagens sonoras". Suas pesquisas estão repletas de intertextualidades com a Geografia, com a Ecologia. Sua equipe, ao lado das novas gerações de pesquisadores que os seguiram, empenha-se em elaborar mapas sonoros de regiões várias.

Os paisagistas sonoros querem apreender a música das cidades, das regiões rurais. Criam catálogos de sons para cada região, idealizam artefatos tecnológicos no interior dos quais os ouvintes e expectadores podem simultaneamente olhar para as fotos de paisagens notórias de cidades conhecidas, e simultaneamente escutar o ambiente sonoro de cada uma delas. Ou mais, suas pesquisas empenham-se em interferir em uma realidade industrial que, em alguns momentos, parece sufocar os sons da natureza. É preciso também narrar uma história: dar a perceber como, através dos tempos, variaram os ambientes sonoros e a afinação do mundo[47]. Sobretudo, a noção de paisagem sonora é utilizada criativamente, na composição de uma nova modalidade de música. Ademais, não poderá o próprio mundo ser tratado como uma

---

46 SANTOS, 2014b, p. 88-89 [original: 1988].
47 SCHAFER, 2001, p. 17.

"composição macrocósmica"?[48] O conceito de paisagem sonora ensina, mais uma vez, os especiais benefícios da intertextualidade. Seriam igualmente interessantes, fica a sugestão, as paisagens aromáticas.

Já fomos, entrementes, demasiado longe. Voltemos rápido ao ambiente intertextual entre a Geografia e a História. A paisagem é composta de elementos diversos, e é a visualidade, neste caso como em outros, que os congrega em uma dinâmica que permite pressupor a textura dos objetos, a dureza dos minérios, os odores dos carros de boi ou da gasolina dos automóveis, os sons da folhagem ou do trânsito frenético, os movimentos das máquinas ou as tensões dos indivíduos e multidões; e ainda, quem sabe, mesmo os sabores dos frutos que parecem se oferecer generosamente da copa de árvores nascidas em épocas diversas.

Sim. De épocas diversas. Conforme veremos no próximo item, as paisagens são formadas não somente pelas sensações espaciais, visuais e de outros tipos que se dão no Presente. As paisagens, é disto que agora trataremos, dão-se no espaço, mas contêm o tempo. Como grandes acordes musicais construídos a quatro mãos pela Natureza e pela História, ao longo de muitas eras e dos tempos mais recentes, as paisagens se oferecem em cada Presente para a escuta daqueles que puderem decifrá-la. Ao olhar para uma delas, clamemos por silêncio interior e ponhamo-nos à escuta. Surge ali uma nota, ressoando do mais remoto dos tempos; depois outra, mais outra, e assim sucessivamente. Decifrar paisagens é como escutar sinfonias, com os ouvidos atentos para perceber as diversas melodias que a constituem.

10 Espaço-tempo

Neste momento, contemplo uma paisagem. Há uma pedra no caminho (subitamente me lembro do poema). Ela é antiga como a Terra, mas isso no momento não importa. De qualquer maneira, é bruta, jamais trabalhada pelos homens de qualquer tribo ou civilização. Atraído pelo ruído suave das águas (ou terei imaginado isto?), meu olhar volta-se subitamente para o pequeno rio urbano, canalizado em meados do século XIX. O encanamento, contudo, já era naquele momento a substituição de um outro, construído vinte e oito anos antes (cheguei a ler o documento que registra o primeiro plano de captação, em um velho arquivo público). A atual calha que contém

---
48 Ibid., p. 19.

o traçado do rio, para evitar pequenas enchentes nos dias chuvosos, ali está desde meados do século XX, mas sofreu reparos recentes, por causa das olimpíadas de 2016.

O rio tinha seu nome tupi-guarani por causa dos papagaios que nele vinham se alimentar desde os séculos anteriores, mas a poluição das últimas décadas do século XX já os afastou há muito. Todavia, foram substituídos por aquelas garças, de dieta alimentar menos exigente, que vivem em um zoológico mais distante. Há uma árvore, duas, três, e mais, nas suas margens, sendo que cada uma tem uma idade diferente. Cada uma delas canta a sua própria imponência, na minha imaginação. Mas sou despertado deste devaneio por um outro ruído, este de verdade. É um rolar maquinal, que adentra a paisagem sonora como uma dissonância. A muitos e muitos passos do rio há uma abertura para o chão. O metrô tem 25 anos, mas aquela estação foi agregada há apenas três anos, e agora oferece aos passantes a sua entrada. Entre ela e o rio enfileiram-se edifícios de diversas idades, de cada lado da rua asfaltada (com exceção de um curioso trecho de paralelepípedos, talvez esquecido pelas últimas administrações públicas).

Há também uma casa muito antiga, do início do século passado. Terá sido tombada? Sobrevive. Alguns automóveis, há muito eu não via um opala, movimentam-se discretamente na rua de mão única. Formam um pequeno fluxo. Seguem por ali, em meia-velocidade, e logo vão desaparecer sem deixar vestígios. Por enquanto, todavia, fazem parte do acorde visual da paisagem. Registrei tudo, em minhas anotações. Mas agora me dirijo ao metrô.

Ao entrar naquela estrutura moderna, que por sobre trilhos me conduzirá através de um conduto contemporâneo tão bem incrustado em uma pedra de milhões de anos, anterior ao surgimento da própria vida sobre a Terra, espero chegar em vinte minutos ao centro da cidade. Ali, naquela alternância de avenidas asfaltadas e ruas estreitas, por vezes talhadas em paralelepípedos, novos acordes de espaço-tempo me esperam. Sem ânsia maior de me mostrar a superposição de cidades que escondem e revelam, eles me indagarão, como se ressoassem do fundo de um verso: "Trouxeste a chave"? A todos perguntam a mesma coisa, indiferentes à resposta que lhe derem[49].

Já me demoro demais. Andar pelo espaço é viajar pelo o tempo. Retorno, será mais seguro, à reflexão histórico-geográfica.

---

49 *Procura da poesia,* de Carlos Drummond de Andrade.

O que pode ser dito acerca das paisagens estaria demasiado distanciado das possibilidades contemporâneas de exploração deste conceito se não nos referíssemos ao ponto de confluência entre tempo e espaço que está implicado em qualquer paisagem a ser analisada. Uma das conquistas da Geografia contemporânea, e também da História, refere-se precisamente à possibilidade de enxergar o tempo através do espaço. Uma paisagem é resultado da ação do tempo sobre um espaço. Mais do que isso, ela pode se apresentar como materialização de muitos momentos em um único espaço. É por isso que Milton Santos assim se refere às paisagens na conferência *O presente como espaço* (1977):

> O passado passou, e só o presente é real, mas a atualidade do espaço tem isso de singular: ela é formada de momentos que foram, estando agora cristalizados como objetos geográficos atuais. [...] Por isso, o momento passado está morto como *tempo*, não porém como *espaço*[50].

Com isso, mostra-se que o tempo cristaliza-se no espaço, e que, para o olhar experimentado, este pode ser lido como uma narrativa ou descrito com "um mosaico constituído de elementos de diferentes eras"[51]. Uma superposição de muitos tempos, desta forma, acha-se materializada no espaço e se expressa através das paisagens. Em um único lugar ou em um mesmo ponto do espaço, acontecimentos físicos diversificados, mesmo muito anteriores à existência humana, e processos decorrentes da ação humana em tempos históricos diversos parecem formar como que um grande acorde geográfico à espera de ser escutado pelos ouvidos competentes – conformando um grande desenho polifônico para o qual simultânea e sucessivamente confluem temporalidades várias, por vezes factíveis de serem decifradas:

> A paisagem não se cria de uma só vez, mas por acréscimos, substituições; a lógica pela qual se fez um objeto no passado era a lógica da produção naquele momento. Uma paisagem é uma escrita sobre a outra, é um conjunto de objetos que têm idades diferentes, é uma herança de muitos momentos diferentes[52].

Uma nota surge, depois outra. Unidas em um destino comum, passam a soar juntas, com as que lá já estavam. Uma terceira, então, abandona o acorde. Quem afinal rege esta admirável sinfonia? É ainda Milton Santos, em *Por*

---

50 SANTOS, 2004, p. 14.
51 Ibid., p. 36. "Espaço e método" [1985]. Imagem retomada em 2014b, p. 77. "Metamorfoses do espaço habitado" [original: 1988].
52 Ibid., p. 72-73.

uma Geografia Nova (1978), quem argumenta que o espaço é sempre configurado por processos que envolvem a ação conjunta do homem, da produção e do tempo (portanto, da cultura, da economia e da história). Ademais, no espaço que se dá a ler para o geógrafo ou para o historiador, as formas se intermesclam em um fascinante jogo de superposição entre o Presente e o Passado (em diversas camadas). Assim, tal como assinala Santos em *Espaço e sociedade* (1979), certas formas cristalizadas no espaço atual são resultado das divisões de trabalho pertinentes aos modos de produção anteriores (e, mais tarde acrescentará o geógrafo brasileiro, também das técnicas relativas a este trabalho), enquanto que o Presente atual vai impondo também as próprias formas necessárias à divisão de trabalho atual.

O espaço, a mais magnífica expressão da acumulação do tempo, é entretecido a dois pelas heranças do Passado-Presente e pelas demandas do Presente atual propriamente dito, para incorporar aqui uma conceituação do historiador Reinhart Koselleck (1923-2006)[53].

A perspectiva proposta por Milton Santos de que o espaço é produzido pela confluência do homem, tempo e produção (o que inclui também a circulação)[54] – uma teoria composta em sintonia com o paradigma do Materialismo Histórico – foi mais tarde aperfeiçoada em *A natureza do espaço – técnica e tempo* (1992), obra na qual o geógrafo brasileiro demonstra que cada período histórico traz consigo a marca de uma identidade tecnológica específica, e que cada técnica concomitantemente corresponde a uma forma de espaço[55].

---

53 Em *Futuro Passado* (1979), conforme veremos a seguir, Reinhart Koselleck fala-nos deste passado que ficou entranhado no Presente através de um "espaço de experiências", e que por isso deve ser compreendido mais propriamente como um Passado-presente. Este último não corresponde a *todo* o Passado – já que para nós está perdido aquilo que não se incorporou de algum modo ao Presente através de fontes históricas, materialidade, memória, vestígios diversos. Por fim, o Passado-presente irá conviver em cada momento reatualizado com um Futuro-presente: um "horizonte de expectativas" que pertence ao conjunto dos seres humanos que vivem cada instante.

54 Ademais, em *Espaço e sociedade* (1979), Milton Santos mostra-se atento à necessidade de incluir o meio ecológico no entremeado que constrói e organiza o espaço – além do homem, das firmas que produzem bens e serviços, das instituições de regulação e das infraestruturas demandadas (prédios, estradas, campos de cultivo).

55 Em entrevista para a revista *Meus Caros Amigos*, Milton Santos reforça essa ideia de que o espaço é produção do homem na relação com a totalidade da natureza e através da técnica. Na obra basilar, *Por uma Geografia nova* (1978), o espaço é visto simultaneamente como um campo de forças em luta – resultado e condição dos processos sociais – e como uma estrutura social que termina por configurar um conjunto de formas e funções decorrentes das relações sociais do passado e do presente. Enquanto a forma é o aspecto exte-

A técnica (e, correlatamente, um conjunto de traços do seu período histórico) materializou-se a certa altura tanto em determinado arranjo espacial como na realidade física expressa pela paisagem, sendo possível agora percebê-la com a competência leitora adequada (com a apropriada consciência geográfica, poderíamos acrescentar). Mesmo quando a técnica foi substituída por outras, desaparecendo no horizonte histórico, ela deixa seus vestígios na materialidade física. Por vezes, temos várias técnicas superpostas (e, portanto, uma superposição de temporalidades).

Essa materialização do passado no espaço, proposta por Milton Santos, afina-se perfeitamente com a perspectiva desenvolvida pelo historiador Reinhart Koselleck acerca do Passado-Presente – o passado que faz parte do "espaço de experiência", o único que pode ser acessado, uma vez que se materializou de alguma forma:

> Quem busca encontrar o cotidiano do tempo histórico deve contemplar as rugas no rosto de um homem, ou então as cicatrizes nas quais se delineiam as marcas de um destino já vivido. Ou ainda, deve evocar a memória, a presença, lado a lado, de prédios em ruínas e construções recentes, vislumbrando assim a notável transformação de estilo que empresta uma profunda dimensão temporal e uma simples fileira de casas; que observe também o diferente ritmo dos processos de modernização sofrido por distintos meios de transporte, que, do trenó ao avião, mesclam-se, superpõem-se e assimilam-se uns aos outros, permitindo que se vislumbrem, nessa dinâmica, épocas inteiras[56].

A paisagem, ao geógrafo e ao historiador, oferece suas rugosidades como materializações reveladoras de um tempo que já desapareceu, e que, no entanto, ainda está ali, espacializado, tornado matéria, convertido em espaço de experiência através de algo que se pode ver ou mesmo tocar.

Exemplo dos mais óbvios, de resto também mencionado nesta bela passagem escrita por Koselleck, é o de uma cidade cujas construções – erguidas em momentos diferentes, mas hoje convivendo no mesmo Presente – através de sua variedade de estilos revela uma fascinante e perturbadora polifonia de tempos históricos cristalizada nas suas várias paisagens. Assim como a arquitetura urbana, os campos de cultivo de outrora, mesmo quan-

---

rior e visível dos objetos, a função refere-se à atividade através de cada um deles desempenhada. Santos acrescenta que, embora submetido dialeticamente à lei da totalidade, o espaço dispõe de certa autonomia (SANTOS, 1978, p. 145). Cf. tb. SANTOS, 2008, p. 69.
56 KOSELLECK, 2006, p. 13.

do não há mais cultivo, deixam as marcas das técnicas que um dia foram empregadas no chão. É possível decifrá-las, como fez o historiador francês Marc Bloch (1886-1944) em diversas passagens de *Caracteres originais da França rural* (1952), obra somente publicada postumamente. Mais ainda, seria possível analisar inclusive a ação conjunta dos movimentos naturais e da história humana através de uma abordagem que começa a melhor se definir com o geógrafo francês Vidal de La Blache (1845-1918), tal como veremos mais adiante.

A técnica pode materializar-se tanto na configuração espacial como nos objetos, e tudo isto está disponível para análise de geógrafos e historiadores. Se considerarmos os artefatos, podemos lembrar ainda a contribuição anterior do arqueólogo e antropólogo francês André Leroi-Gourhan (1911-1986), um pesquisador igualmente interessado na conexão entre a tecnologia, as práticas e a sua materialização nos objetos:

> As tendências para "conter", "flutuar", "cobrir", particularizadas pelas técnicas do tratamento da casca, dão o vaso, a canoa ou o telhado. Se este vaso de casca é cozido, implica imediatamente uma outra clivagem possível das tendências: coser para conter dá o vaso de casca, coser para vestir dá a veste de peles, coser para abrigar dá a casa de pranchas cozidas[57].

Os objetos, mas também o espaço – e mais ainda o espaço povoado por objetos, sejam estes fixos ou móveis – são materializações de técnicas, e das ações das quais estas são os elos. Desaparecidas no tempo, estas ações (esta história, portanto) dão-se agora a ler no espaço. Em uma pequena totalidade pode-se dar que certa porção do espaço apresente a materialização de uma técnica mais avançada historicamente do que a técnica que está materializada na porção de espaço contígua[58]. Eis aqui, para ser desvendada pelo geógrafo decifrador de enigmas, uma fascinante polifonia de técnicas, e por de trás delas de ações no interior de temporalidades distintas.

A paisagem, ao geógrafo ou ao historiador cujos olhares a produzem, dá a impressão de se oferecer como um livro aberto cujas páginas se superpõem,

---

57 LEROI-GOURHAN, 1943, p. 340.

58 Milton Santos, atento às relações entre espaço e técnica, ressalta que os objetos – materializações da técnica – só fazem sentido dentro da totalidade espacial que os inclui, e em articulação com os demais objetos que dela fazem parte. Com relação à técnica, ela é o elo, ou o "traço de união" – histórica e epistemologicamente – que permite ligar tempo e espaço (SANTOS, 2013, p. 39). "Tempo e Espaço-mundo ou, apenas, Tempo e Espaço hegemônicos?" [1993]. Cf. tb. SANTOS, 2002, p. 54 [*A natureza do espaço*, 1996].

ou como um acorde musical cujas notas se escutam de uma só vez, mesmo aquelas que ressoam do fundo de tempos recuados. Este acorde, além disso, possui notas fixas, que repercutem há muito naquele ponto do espaço, e aspectos que mudam rapidamente – pois a paisagem não é o espaço, mas se superpõe dialeticamente a este.

Ressaltarei outro aspecto crucial da Geografia mais recente, e que traz profundas ressonâncias para a historiografia que lida com o espaço. Para uma percepção plena das inter-relações entre Espaço e Tempo, não basta apenas compreender a presença, no Presente, das diversas camadas de tempo que se consolidaram no espaço. Existe, é certo, grande importância neste estudo, que se entretece à maneira de uma eficiente arqueologia do olhar que pode ser em seguida amparada por sistemáticas análises das fontes históricas, de estudos comparados de registros visuais em fotografias e fontes iconográficas, de análises de plantas urbanas e rurais, de recolhas de depoimentos orais e de abordagens arqueológicas propriamente ditas.

Não obstante, não basta apenas perceber o tempo nas camadas da materialidade e do espaço. Essa contribuição, que já começa a se instalar discretamente no início do século XX, com os quadros geográficos de Vidal de La Blache – um geógrafo francês ao qual voltaremos mais adiante – é importante e necessária, mas não suficiente. Para que os geógrafos finalmente explorassem em toda a sua extensão a relação entre Tempo e Espaço, foi preciso aprimorar a definição deste último.

O espaço, muitas vezes visto apenas como o meio físico, ou como o cenário no qual os eventos ocorrem e os processos se desenrolam, começou a ser encarado pelas gerações de geógrafos e historiadores da segunda metade do século XX como processo – e não somente como cenário para as ações humanas ou berço dos próprios processos históricos. Visto como a própria materialidade viva, em contínua transformação, e como um entremeado de objetos geográficos[59] e de ações humanas, o espaço começaria a ser abordado não apenas como o lugar no qual o tempo se sedimenta abandonando rastros do passado, mas como a outra face mesma do tempo. O espaço, nesta perspectiva, torna-se dinâmico: deixa de ser um compartimento vazio e se apre-

---

[59] Os objetos, na conceituação de Milton Santos, são as coisas apropriadas pelos seres humanos, tenham sido por eles inventadas, ou tenham sido coisas naturais que foram humanizadas (2002, p. 65). Vão desde os pequenos objetos aos muito grandes e complexos, como as casas e avenidas.

senta como lugar do mundo; ou, antes, pode-se mesmo dizer que o espaço é agora o próprio mundo (um "espaço-mundo")[60].

11 Forma, estrutura, função e processo

Uma das contribuições mais vigorosas para uma nova definição do espaço, conforme vimos, foi a de Milton Santos (1926-2001), geógrafo brasileiro que, a partir de certo momento de sua produção intelectual, propõe um novo delineamento para o conceito de espaço com vistas a abordá-lo como o resultado do "casamento indissolúvel entre sistemas de objetos e sistemas de ações"[61]. O espaço, portanto, passa aqui a ser visto como um sistema de sistemas.

De um lado temos os objetos geográficos que, já de si, "contêm tempo". De outro lado, e combinadas a esta primeira instância, temos as ações humanas que se referem aos objetos e ao espaço. Este entremeado é indissociável, e o tempo entrelaça os sistemas de objetos e os sistemas de ações a cada momento, para muito além de apenas se apresentar através de vestígios e de camadas arqueológicas depositadas nas formas. Conforme se vê, o espaço deixa de ser apenas um meio; passa a ser percebido como processo.

Esta definição de espaço não veio a Milton Santos de maneira simplória, como um raio que cai sobre uma árvore e a demarca de uma vez por todas. Ao contrário, esse conceito de espaço foi o resultado de um longo aprimoramento. No final dos anos de 1970, Milton Santos chegara a uma definição de espaço que se adaptava bem às suas análises, bem sintonizadas com o Materialismo Histórico. O espaço deveria ser definido a partir de quatro categorias mais gerais: *forma, função, estrutura* e *processo*[62].

---

60 Milton Santos alerta os novos geógrafos: é preciso "não pensar o lugar sem o mundo" (SANTOS, 2013, p. 98). "O Espaço: sistemas de objetos, sistemas de ações" [1991].
61 SANTOS, 2013, p. 78 e 98.
62 SANTOS, 2002, p. 218. *Por uma Geografia nova* [1978].

Quadro 4 Quatro categorias essenciais para entender o espaço

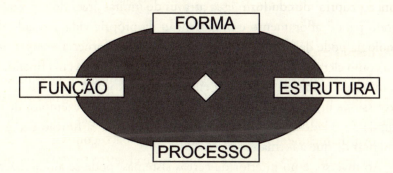

Essas quatro categorias primaciais, conforme veremos na discussão de outros conceitos, não apenas ajudam a melhor compreendê-los como também se relacionam entre si, de modo que é interessante definir cada uma delas.

A forma, de maneira mais simples, pode ser definida como o aspecto visível de qualquer coisa. É resultado imediato da própria materialidade dos objetos físicos ao ocuparem certo lugar no espaço. Ou, então, pode ser ainda resultado dos efeitos no espaço produzidos por qualquer fenômeno. A eletricidade, ao se projetar no espaço, pode produzir formas; a trajetória de um cometa, ao atravessar o céu, deixa em seu rastro de fogo uma forma visível.

As subdivisões do espaço, ou os arranjos dos objetos em um determinado recorte do espaço, também dizem respeito a formas. Quando pensamos em formas, consideramos a organização interna do espaço produzido pelos objetos ou pelos grandes conjuntos de objetos. Um edifício, por exemplo, além de apresentar contornos externos bem-definidos, apresenta também uma forma interna: talvez ele seja subdividido em diversos andares, e estes andares em muitas salas e corredores. Uma fazenda, além da extensão e formato do terreno que ocupa, também apresenta os seus espaços internos.

As paisagens, conceito que já discutimos, são essencialmente formas produzidas por elementos presentes no espaço que são percebidos por um observador a partir de certo ponto de vista. As regiões – compreendidas como recortes no espaço realizados ou pensados a partir de certos critérios – também apresentam formas bem-definidas: têm contornos externos, uma extensão no espaço, uma organização interna de seus objetos e elementos.

Um objeto, além de ter sua forma, pode desempenhar funções ao se ver inserido em conjuntos ou universos mais amplos (o meio ecológico, ou uma sociedade humana, p. ex.). Um rio, visto a distância, não apenas apresenta a forma de uma caudalosa linha de águas em movimento, como desempenha a função natural de conduzir água através de muitas áreas do espaço, contribuindo para o afloramento e manutenção da própria vida. Ao lado disso, a tecnologia pode dele se apropriar para a função de fornecer energia, inserindo-o como elemento central em um sistema hidroelétrico cuja finalidade será a conversão da energia hidráulica em energia elétrica. A forma do rio, neste caso, assume uma função. Por isso, e em vista de outros exemplos de objetos naturais ou criados pelo homem, pode-se dizer que "a função é a atividade elementar de que a forma se reveste"[63].

Ao inverso, e no interior de certos sistemas, pode-se ainda dizer que a forma corresponde a uma estrutura ou objeto responsável pela execução ou desempenho de determinada função. Nada impede, também, que uma mesma forma desempenhe várias funções. É assim que a ponte que se curva sobre o rio tem sua forma derivada do casamento de duas funções: a de conduzir veículos ou pessoas de uma margem a outra; e a de permitir, abaixo de si, a passagem de embarcações. O abaulamento é a solução formal que permite ao objeto-ponte abrigar o convívio das duas funções. Uma mesma forma pode, ainda, participar simultaneamente de sistemas diferentes. Um rio pode desempenhar uma função no sistema da natureza, outra em uma unidade de produção de energia, outra em um sistema turístico.

Forma e Estrutura são conceitos que, em algum momento, aproximam-se. Considerando-se uma totalidade (um universo que reúne dentro de si diversos elementos e objetos inter-relacionados), a estrutura corresponde à inter-relação entre as várias partes de um todo. Por fim, o conceito de processo liga-se à ideia de movimento e transformação. Sem esta categoria, teríamos um universo estático. O que ocorre é que as formas, em curto, médio, longo ou longuíssimo prazos, transformam-se em outras formas, além de passarem a desempenhar novas funções e ocupar novas posições nas estruturas. Os processos correspondem a essa dinâmica que tudo coloca em movimento e que preside às inevitáveis transformações. São os processos que tornam perceptível o tempo (pode-se até mesmo dizer que os processos são a forma do tempo). Em seu esforço de sistematizar as quatro categorias fundamentais do espaço, Milton Santos define o processo, minimamente, como "uma ação contínua que se desenvolve em direção a um resultado qualquer"[64].

---

63 SANTOS, 2008, p. 69. "Espaço e método" (original: 1985).
64 Ibid.

As quatro categorias fundamentais que acabamos de discutir – e a interação de cada uma delas com cada uma das outras e com todas em conjunto – constituem uma base teórica irredutível para entendermos uma série de outros conceitos vistos até aqui – como os de região e paisagem – e outros que serão abordados na próxima sequência, ainda seguindo as proposições de Milton Santos. Veremos agora um par de conceitos que encontrou um lugar privilegiado na Geografia, e que mereceria maior destaque também na História.

12 Fixos e fluxos

Quando discutimos o conceito de paisagem, vimos que nele repercutia a copresença de duas séries de elementos que deviam ser percebidos pelo geógrafo: os "objetos naturais", que não eram obra dos homens e por eles não haviam sido modificados, e os "objetos sociais" – "testemunhas do trabalho humano no passado, como no presente" (1982)[65]. Ambas as modalidades de objetos – os naturais e os sociais – "continham tempo". Tempo natural e tempo humano, deste modo, entremeiam-se no espaço e se expressam através das paisagens.

Tal abordagem, mesmo que adequada em muitos aspectos, ainda poderia ser vista como uma sofisticação e uma elaboração mais fina da antiga perspectiva dos "tempos geográficos", desenvolvida por antigos geógrafos como Vidal de La Blache[66], não fosse a importante inserção de uma perspectiva processual derivada de um Materialismo Histórico que – ao considerar a combinação de forma, estrutura, função e processo – passava a ver o espaço como movimento e transformação, e não apenas como permanência[67].

A esta perspectiva inicial sobre o espaço, Milton Santos iria logo agregar o intuito mais específico de enfatizar o movimento contínuo no espaço e a ininterrupta parcela de transformação do mesmo. Por isso, acrescentou à sua proposição teórica um par de novos conceitos correlativos ao espaço geográ-

---

65 SANTOS, 2004b, p. 54. "Pensando o Espaço do homem" [original: 1982].
66 Mais adiante, em um dos itens do segundo capítulo deste livro, discutiremos esta contribuição.
67 Embora introduzindo a perspectiva do tempo na Geografia, La Blache terminou por elaborar um quadro de regiões estabilizadas em seus estudos da espacialidade francesa. A apreensão das permanências desvinculada da compreensão dos processos é o ponto fraco deste modelo geográfico que foi rapidamente exportado para diversos ambientes acadêmicos no mundo. Por isso, nos anos de 1970 começaram a surgir muitas críticas ao modelo lablacheano.

fico: os "fixos" e os "fluxos"[68]. Estes novos conceitos trazem uma nova perspectiva à interação entre as categorias da forma, função, estrutura e processo. Conforme veremos a seguir, tanto o grupo dos fixos como o grupo dos fluxos desempenham funções importantes em uma determinada estrutura espacial (uma totalidade urbana ou rural, p. ex.). Os fixos, contudo, relacionam-se mais propriamente à intersecção entre forma e função, enquanto os fluxos referem-se à intersecção entre função e processo. Uma forma e uma função resultam em um fixo. Uma função em seu processo conflui para a formação de um fluxo. Puro movimento, os *fluxos* não apresentam uma forma identificável. Suportes estáveis para a vida social, podemos considerar os *fixos* como formas que se perpetuam no espaço, embora nada impeça que estas sejam, de tempos em tempos, substituídas por outras.

Quadro 5 Os fixos, os fluxos e as quatro categorias essenciais para entender o espaço

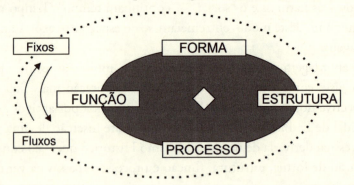

Em uma entrevista de 1991, na qual relembra a importância deste novo aporte para a sua trajetória autoral, Milton Santos dá alguns exemplos mais específicos de *fixos*: as casas, portos, armazéns, plantações, fábricas[69]. Poderia citar muitos outros, como os parques e jardins, as lojas, edifícios de escritórios, poços, a infraestrutura urbana[70].

---

68 A proposição do espaço como conjunto dos fixos e fluxos já aparece em *Por uma Geografia nova* (1978).
69 SANTOS, 2013, p. 155. "A dimensão histórico-temporal e a noção de totalidade em Geografia" [1991].
70 Em outra obra – *O espaço do cidadão* (2007, p. 142) – Milton Santos expõe uma grande variedade de fixos e mostra que eles se referem às diversas esferas da vida: "Os fixos

Ponhamos em sucessão as maternidades, as escolas, os hospitais, os ambientes de trabalho, os cemitérios. Temos aqui cinco tipos de fixos através dos quais podemos ver passar este fluxo que é a própria vida humana partilhada nas suas diversas faixas etárias. Há uma função ou mais para cada fixo, mesmo que seja decorativa, ao menos nos fixos que foram construídos pelos seres humanos (pois a natureza também nos oferece os seus próprios fixos, e eles terminam por se integrar aos fixos criados ou transformados pelos homens). A combinação da montanha com a ação de perfurá-la conflui para a formação deste fixo que é o túnel, o qual terá como função favorecer a circulação do trânsito que flui de um para o outro lado. A floresta pode ser cercada, fixada em parque, e atenderá ao lazer e à manutenção do equilíbrio ecológico.

Os fixos, em algumas palavras, constituem os objetos geográficos que permanecem por um tempo considerável: são os pontos de apoio sobre o qual se ancora a vida de uma sociedade, o seu cotidiano, o seu trabalho. Tangíveis no espaço, e imóveis no lugar, os fixos são sempre localizáveis, apresentam formas bem-definidas. Podemos apontá-los no mapa (já com relação aos fluxos, podemos, quando muito, apenas indicar por onde passam). Além disso, criados por ações humanas e produtos de intencionalidades, os fixos desempenham funções. Foram criados, e são mantidos, por alguma razão[71]. Quando perdem as funções que lhes davam vida, pode ocorrer que se convertam em ruínas.

As ruas e avenidas de uma cidade, suas pontes, viadutos e túneis, demandam um maior esclarecimento, o qual ainda não foi explorado em toda a sua extensão. Eu os situaria como "fixos condutores" (um subtipo dos fixos), pois me parece evidente, apesar do movimento implicado, que não poderiam ser fluxos – da mesma forma que, no corpo humano, é o sangue que constitui o fluxo, e não os vasos sanguíneos que o conduzem. Os fixos condutores têm a função explícita de dar vazão ao movimento, mas não são o movimento em si mesmo. À noite, inclusive, moradores de rua podem fazer do viaduto o seu fixo residencial.

Ruas, avenidas e estradas, como os demais fixos – são tangíveis, imóveis, localizáveis no plano urbano – ainda que se prestem à circulação dos fluxos

---

são econômicos, sociais, culturais, religiosos etc. Eles são, entre outros, pontos de serviço, pontos produtivos, casas de negócios, hospitais, casas de saúde, ambulatórios, escolas, estádios, piscinas e outros lugares de lazer".

71 Os fixos podem ser criados tanto pelo Estado como por iniciativa privada (SANTOS, 2008, p. 102). Fequentemente, são criados para atender a demandas dos fluxos; mas, inversamente, os fixos também criam fluxos.

de automóveis e pedestres. De maneira análoga, a rede de fiação que recobre uma cidade – na verdade, o maior artefato urbano visível – coloca-nos um sutil problema. O fluxo não é a rede de fiações, mas sim a eletricidade que nela circula, ou as mensagens que a atravessam de um para o outro lado entre dois telefones. Tal como as avenidas, a rede elétrica e a rede telefônica também são fixos condutores. Assim como podemos traçar em um plano o mapa viário da cidade, é possível cartografar a rede telefônica e a rede elétrica. Os fixos condutores são elos entre outros tipos de fixos (as usinas de energia e as residências, p. ex.), mas ainda assim são fixos.

Conforme vimos até aqui, pode-se depreender do delineamento conceitual dos "fixos" o seu conceito oposto e complementar. Os "fluxos" são precisamente os "movimentos entre os fixos". Na categoria dos fluxos, podem ser incluídos tanto alguns objetos materiais – "produtos, mercadorias, mensagens materializadas – como ainda objetos imateriais: "ideias, ordens, mensagens não materializadas"[72]. Debaixo da terra, ou mesmo dos mares, oleodutos conduzem fluxos de petróleo. Acima dela, os rios constituem fluxos naturais.

O trânsito, conforme já vimos, é um fluxo que se estabelece sobre o sistema viário (este fixo) de uma cidade. Entre as (fixas) instituições dos Correios e as residências, circulam cartas. Menos visível, através das redes de fiação circula a eletricidade que irá suprir os fixos da energia de que necessitam, ou que então irá lhes fornecer as informações que lhes serão transferidas pelos fios de telefone. Nos dias de hoje, dois computadores bem distanciados no espaço podem gerar, entre si, fluxos com as mensagens e informações trocadas on-line, da mesma forma que os celulares passaram a prescindir de fios. Aqui, fixos condutores são desnecessários. De maneira análoga, nos bancos e instituições financeiras, sediados em edifícios fixos, gera-se um fluxo ininterrupto de dinheiro, seja através de papel-moeda (fluxo material) ou de diversificadas operações financeiras que transferem valores entre contas-correntes (fluxos imateriais).

A relação entre os dois conceitos – fixos e fluxos – não é apenas complementar. A rigor, estabelecem-se aqui relações dialéticas: uma série está sempre modificando a outra. A estrutura de um edifício, a organização interna da materialidade de uma instituição, os objetos nela contidos – e outros inúmeros aspectos que configuram a *forma* de um fixo – podem ser modificados para atender à demanda de uma *função* voltada para assegurar ou redirecio-

---

[72] SANTOS, 2013, p. 155.

nar determinados tipos de fluxos. Generalizadamente, pode-se dizer que a tecnologia dos fixos, sua forma, seu lugar na estrutura social, adapta-se para atender à necessidade dos fluxos. Não obstante, o inverso também é verdadeiro, pois as modificações nos fixos permitem novos fluxos, modificam as suas possibilidades de circulação, os seus ritmos e velocidades. Este aspecto nos lembra de mais um ponto importante. Diferentes tipos de fluxos possuem velocidades diferentes. Assim, "a velocidade de uma carta não é a de um telegrama, de um telex, e de um fax"[73]. Hoje, poderíamos acrescentar, nada se compara à velocidade dos fluxos de informações que circulam na rede mundial de computadores.

Os fluxos, enfim, atravessam o espaço, percorrem-no, circulam por toda a sua extensão, conduzem ações, decisões, eletricidade. "O espaço é teatro com fluxos de diferentes níveis, intensidades e orientações. Há fluxos hegemônicos e fluxos hegemonizados, fluxos mais rápidos e eficazes e fluxos mais lentos"[74]. De resto, os fluxos estabelecem ligações entre os fixos, como vimos nos diversos exemplos e como podemos observar por toda parte. Alimentam-nos; suprem-nos de informação, de energia, de produtos diversos. E, em muitos casos, fazem com que esta energia, esta informação, estes produtos – ou o que mais conduzam no seu fluir – passem de um fixo a outro, estejam estes próximos ou distantes. No primeiro caso, temos fluxos locais. Para além deles, os fluxos podem ligar enormes distâncias, constituindo-se em escala nacional ou global.

Daremos um exemplo mais específico para esclarecer a relação dialética que se estabelece entre os fluxos e fixos. A construção de um novo fixo (uma catedral, um prédio de muitos andares, um hospital, uma autoestrada) implica necessariamente a integração de muitos fluxos – alguns locais, outros provenientes de grandes distâncias. Materiais diversos são necessários, fluxos de energia e de mão de obra são ativados, trocas de serviços se estabelecem, capitais circulam, compra e venda de bens diversos fluem de um para o outro lado, assim como decisões devem ser tomadas encadeadamente, envolvendo atores os mais diversos. Ações se concretizam para que seja possível fundar um novo objeto, ou, mais ainda, um novo sistema de objetos. Mais tarde, novos fluxos serão requeridos para que o fixo se mantenha em adequado funcionamento.

---

[73] Ibid., p. 155.
[74] Ibid., p. 49. "Os espaços da globalização" [original: 1993].

Algo deve ser dito sobre os objetos mais difíceis de serem enquadrados na dicotomia dos fluxos e fixos. Certos objetos, os quais também fazem parte das paisagens urbanas, são deveras ambíguos. Os automóveis e caminhões, os quais circulam entre os prédios fixos e por sobre a fixidez das ruas e avenidas, ora parecem se comportar como ondas ou como partículas. Tal como na física quântica, tudo depende da escala de observação. Estacionados, ajustam-se por algumas horas à paisagem material urbana. Fixam-se durante o tempo de seu repouso. Em movimento, e vistos em conjunto, comportam-se como fluxo. Podemos vê-los de longe, e de certa altura, como uma pulsante corrente sanguínea que perpassa a cidade, carregando mercadorias e homens. É claro que, rigorosamente falando, os fluxos não são nem mesmo os alinhamentos de automóveis – estes objetos moventes – mas sim o movimento que eles produzem, o trânsito propriamente dito.

De todo modo, nos grandes engarrafamentos pode-se mesmo sentir as tensões que deles transbordam, em decorrência da energia represada, dos objetivos em suspenso, do *stress* gerado nos homens que dirigem e que são conduzidos pelos automóveis, caminhões e transportes coletivos. O fluxo interrompido gera tensões e perturbações, as funções por um momento se acham ameaçadas, os prazos se comprometem, a vida citadina estanca. Quando o fluxo progride em sua velocidade normal, tem-se a impressão de que é todo um organismo urbano que respira aliviado: a energia flui novamente! Já não se tem dúvida, até o próximo engarrafamento, de que chegarão a seus destinos, e no tempo adequado, as mercadorias e os seres humanos.

Este último item, aliás, leva-nos a mais uma reflexão sobre a ambiguidade de alguns dos objetos que habitam a espacialidade urbana ou rural. Os seres vivos, em especial os homens – partes integrantes da paisagem, entre tantos outros objetos geográficos – seriam fluxos ou fixos? Fixados por uma identidade cultural, por um nome registrado em cartório e repetido inúmeras vezes, por uma memória, ainda que flexível – fixados, sobretudo, por um corpo biológico dotado de certa permanência (embora móvel, e em transformação lenta através das sucessivas idades e das diárias modificações no metabolismo) – os seres humanos são portadores da informação, tomam decisões que determinam novos fluxos; ou, então, obedecem ordens. Movimentam-se a pé ou integram-se ao trânsito, de dentro de seus automóveis. Se por um lado se mostram menos presentes em certas regiões da cidade e a certas horas da noite, por outro lado se aglomeram na hora do *rush*, como um grande rebanho em movimento ou como um rio de partículas que desliza sobre as avenidas; até que, oportunamente, recolhem-se mais uma vez à fixidez de suas residências. Mudando de escala, como não lembrar das correntes migratórias, que arrastam entre regiões desiguais grandes fluxos de homens?

Seriam os seres humanos fluxos ou fixos? Constituiriam uma categoria à parte? Importantes para a descrição e análise das paisagens urbanas e rurais – pois sem eles teríamos mais uma vez "o lugar sem o mundo" – os homens e demais seres vivos são objetos que escapam à categoria dos fluxos e fixos? Que seria da cidade sem eles, sem cada um deles?[75]

Há ainda, é claro, toda uma sorte de situações intermediárias ou de difícil definição, em vista de suas circunstâncias. Vamos dar um exemplo, entre tantos. Entre os fixos, consideremos as residências. São habitualmente estabelecidas em edifícios de apartamentos, casas e casebres. Uma vez fixadas no mercado imobiliário, as residências adquirem certo valor e são, deste modo, negociadas e negociáveis a qualquer hora, tornando-se patrimônio daqueles que os possuem de fato ou dos que detêm legalmente a sua propriedade. Podemos chamar quase todas as residências de "fixos residenciais". Os mesmos tipos de prédios e conjuntos de prédios e terrenos que acolhem as residências também acolhem, com as devidas adaptações, as diversas firmas que povoam a espacialidade econômica (empresas privadas de serviços, fábricas, estabelecimentos comerciais, restaurantes), assim como também dão suporte às instituições públicas (órgãos do governo em diversos níveis, com a função de gerar normas e regular a vida pública em todos os detalhes).

Os fixos, portanto, são os locais de trabalho (de produção, circulação e serviços), de ensino ou cultura, de administração e serviços públicos, de lazer ou entretenimento, e, em sua maior extensão numérica, as residências. No entanto, é possível imaginar residências móveis! Na verdade, ao mesmo tempo em que existem seres humanos que moram ocasionalmente em carros e *trailers* – uma situação que, de modo geral, pode ser situada no âmbito das ex-

---

[75] Em *Espaço e método* (1985), Milton Santos propõe os seres humanos como um dos cinco elementos do espaço, ao lado das firmas (produtoras de bens, serviços e ideias), das instituições (produtoras de normas e regulamentação), do meio ecológico e da infraestrutura (casas, plantações, caminhos...). "O Espaço e seus elementos – questões de método" (2008, p. 16-17). Em *Metamorfoses do espaço habitado* (1988), Santos parece mais preocupado em ajustar a perspectiva dos fixos e fluxos ao esquema tradicional do modo de produção, e por isso nos diz: "Os fixos são os próprios instrumentos de trabalho e as forças produtivas em geral, incluindo a massa doas homens" (SANTOS, 2014b, p. 86).

cepcionalidades individuais – existem por outro lado surpreendentes sistemas residenciais baseados em fixos moventes. Milton Santos, em seu *Manual de Geografia Urbana* (1981), oferece-nos o curioso exemplo dos "sítios-móveis" formados pelas sampanas que fazem parte da paisagem de algumas cidades do Sudeste Asiático:

> Em Saigon, estas embarcações que servem de alojamento [as sampanas] deslocam-se incessantemente para escapar das multas, por estar proibido esse tipo de residência... ou, pelo menos, por estarem sujeitas a fortes exações "parafiscais"[76].

Temos, então, fixos que não são bem fixos. Outros exemplos poderiam ser citados. É o caso das "cidades-tenda" – formações urbanas erguidas em tendas ou barracas que, a princípio, poderiam ser desfeitas rapidamente, e que, no entanto, tendem a se apresentar como permanentes. Sua duração prolongada já não permite que sejam chamadas meramente de acampamentos, mas a fragilidade de sua fixidez coloca dificuldades para as chamarmos de cidades. Destarte, elas desenvolvem suas próprias regras, bem como organizações próprias. O fenômeno é comum na Tunísia, remetendo à cultura berbere. Entretanto, os movimentos sem terra as encaminham para novos propósitos. Mesmo nos Estados Unidos, nos anos recentes, começam a surgir, em estados como a Califórnia e Connecticut, cidades-tenda habitadas por desempregados e subempregados, ou mesmo por bem-empregados que buscam um novo estilo de vida.

As cidades-tenda, cujo cotidiano é certamente percorrido por fluxos diversos, teriam no seu mar de barracas os seus "quase-fixos"? Se estendermos o olhar para a história, talvez encontremos situações análogas. A Idade Média, com as grandes feiras de comércio, erguidas apenas em certos meses do ano, também conheciam as suas cidades provisórias.

Todas as dicotomias conceituais devem enfrentar, a certo momento, os seus limites, os casos e situações que as desafiam. De todo modo, é inegável que a perspectiva dos "fixos e fluxos" permite ao geógrafo dotar a sua apreensão e descrição das paisagens, sejam estas rurais ou urbanas, daquele fluir que tanto as caracteriza; e isto sem deixar escapar, não obstante, os elementos que demarcam efetivamente as suas permanências. Apreendidas de uma só vez no seu fluir e no seu conjunto de permanências, as paisagens tornam-se

---

76 SANTOS, 2012, p. 196-197. "Manual de Geografia urbana" [original: 1981].

vivas, pulsantes, humanas, mas ao mesmo tempo não ocultam dos historiadores-geógrafos as suas impressionantes capacidades de acumularem o tempo nas suas diversas camadas.

A teoria dos fixos e fluxos também permitiu a Milton Santos trazer um novo aporte à apreensão do espaço como combinação de *objetos* e *ações*. "O espaço ganhou uma nova dimensão – a espessura, a profundidade do acontecer – graças ao número e diversidade enormes de objetos (i. é, fixos) de que hoje é formado, e ao número exponencial de ações (i. é, fluxos) que o atravessam"[77].

Não obstante esta passagem do geógrafo brasileiro sobre a espacialidade contemporânea, é preciso ainda lembrar que o fluir moderno não é constituído apenas por ações e por fatores imateriais como o fluxo de capitais ou a energia. Existem *objetos* que são *fluxos*, conforme já havia sido indicado antes, inclusive remontando-se aqui a outro texto de Santos[78]. Entre estes objetos-fluxos, apenas para indicar duas possibilidades, são exemplos típicos e mais evidentes as mercadorias e as correspondências. Enquanto isso, com relação às ações, estas sim, no sentido exposto imediatamente acima, sempre seriam fluxos[79].

Podemos falar, por fim, das questões de método. Quando certas ações se materializam em objetos de considerável permanência (uma ordem que determina a construção de um prédio ou de uma ponte), temos mais uma vez os fluxos se convertendo em fixos. Por isso, é possível ao geógrafo-historiador empreender uma leitura do espaço que o leve a tempos anteriores.

Ao examinar um fixo, torna-se possível entrever os fluxos que um dia o atravessaram, ou mesmo os fluxos que o constituíram no momento mesmo de sua gênese. Os fixos consomem energia, através de fluxos que vêm de ou-

---

[77] SANTOS, 2013, p. 34-35. A aceleração contemporânea: Tempo-mundo e Espaço-mundo" [original: 1991].

[78] Entrevista de Milton Santos à qual já nos referimos, e que está inserida nos textos incluídos em *Técnica, Espaço, Tempo* (SANTOS, 2013, p. 153-157). Na passagem em questão, o geógrafo brasileiro inclui, entre os objetos que são fluxos, as mercadorias e as mensagens materializadas.

[79] Em *O espaço dividido* (1979), Milton Santos é mais cuidadoso em separar os conceitos de ações e fluxos, embora ressaltando a fluidez das primeiras e sua possibilidade de interação com os segundos. "Os fluxos são resultado direto ou indireto das ações e atravessam ou se instalam nos fixos, modificando a sua significação e o seu valor, ao mesmo tempo em que também se modificam" (SANTOS, 2004, p. 104).

tros fixos (as usinas hidroelétricas, p. ex., ou outras formas de acumulação de energia, em tempos anteriores). A existência de um certo tipo de fixo, em determinada localidade, pressupõe este fluxo de energia. De igual maneira, um posto do correio, em certo lugarejo, permite perceber um fluxo de comunicações. Seguindo seus rastros, do fixo emissor ao fixo receptor, ou inversamente, podemos em muitos casos localizar as cartas oficiais que um dia foram trocadas entre determinadas instituições para a constituição do fixo, para a sua manutenção, ou mesmo para a sua destruição e substituição.

Em contrapartida, ao identificar em uma documentação a menção a um fluxo, torna-se possível, através da pesquisa, descobrir o fixo, mesmo que este já tenha desaparecido. A menção ao fluxo recorrente de gentes ou mercadorias de um para o outro lado de um rio, durante certo recorte de tempo histórico, pressupõe a ponte, ou ao menos um sistema de balsas.

Conforme se vê, fluxos e fixos integram-se no espaço de tal maneira, e ajustam-se tão bem uns aos outros, que é possível enxergar um por dentro do outro. As ações são decifráveis a partir dos objetos, e os objetos são pressupostos como desdobramentos de ações. Com isto se chega, nas obras de Milton Santos que vêm a público no início dos anos de 1990, a uma definição do espaço como "combinação de sistemas de objetos com sistemas de ações"[80]. Um sistema de sistemas, como já ressaltamos. A definição de espaço se completa, incluindo todas as anteriores e dando-lhes novos sentidos no seio de uma teoria mais ampla.

Proponho, a seguir, um quadro explicativo sobre os "fixos e fluxos", ou, antes, um quadro geral sobre este "sistema de espaço" que inclui os fluxos e fixos, mas que também é habitado pelos seres vivos como elementos à parte, além de incluir outros tipos de objetos (nem fluxos, nem fixos), inclusive os objetos que se movem sem serem, no entanto, eles mesmos os fluxos propriamente ditos (chamei-os de "objetos móveis").

---

[80] SANTOS, 2013, p. 85. "O Espaço: sistemas de objetos, sistemas de ações" [original: 1991].

Quadro 6

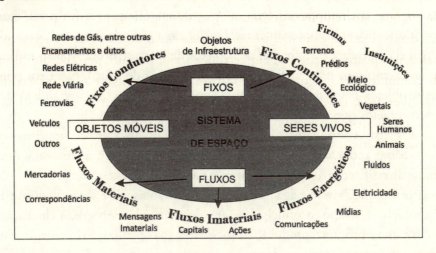

13 Os fixos e fluxos no sistema de espaço

O quadro acima elaborado (6) constitui apenas uma tentativa audaciosa de representar essa realidade complexa que é um sistema espacial – seja este um sistema urbano ou um sistema rural. Digamos que o caso examinado seja uma grande cidade, situação de maior complexidade.

O quadro propõe dois polos ao norte e ao sul – os fixos e fluxos –, mas também duas classes de seres ou objetos que não são nem fixos, nem fluxos. Situei a leste os seres vivos, inclusive o homem, e a oeste os objetos móveis em geral, inclusive os veículos (que apresentam a complexidade adicional de auxiliarem na condução de fluxos, como é o caso dos automóveis e outros transportes que conduzem os seres humanos, ou dos caminhões que, além disso, também conduzem o fluxo das cargas).

Entre os fixos, há uma classe que chamei de "fixos condutores". Poderia tê-los chamado de fixos de transferência. Incluem toda a rede viária (ruas, avenidas, viadutos, estradas), e as redes de fiação e de dutos (redes de energia, de telefonia, e outras). A função destes fixos é dupla: de um lado, servir de intermediação entre os "fixos continentes" (os grandes fixos, dos quais logo falaremos); de outro lado, conduzir os fluxos. Na verdade, uma função está bem ligada à outra, pois já vimos que o papel dos fluxos é precisamente o de circular entre os fixos, promovendo trocas e colocando o sistema em movimento. Desta maneira, os "fixos condutores" não são mais que estruturas auxiliares (e fixas) para os fluxos. Possibilitam o trânsito (fluxo de homens e veículos), a circulação elétrica (fluxos de energia), a comunicação (fluxo de mensagens), a circulação da água, do gás, de matéria-prima. Entre os "fixos condutores" e os "fixos continentes", incluí uma série de fixos ambíguos, de difícil classificação, que chamei de "objetos de infraestrutura" (posso indicar como exemplo os postes, sinais de trânsito, placas de aviso). São fixos pontuais, objetos pequenos, imóveis, mas que não apresentam a grandeza dos macro-objetos que veremos em seguida.

Os "fixos continentes" são os grandes fixos: os "fixos fixos" propriamente ditos. São grandes ambientes bem-estruturados que contêm dentro de si uma ampla diversificação de objetos, e que são na verdade as estruturas principais no interior das quais vivem e agem os seres humanos, pois não é senão ali que se dá a produção, trabalho, o principal desenvolvimento dos serviços, a circulação, assim como a própria reprodução da sociedade, sua organização e controle. Nos "fixos continentes" dão-se todos os aspectos da vida social, enfim.

Poderia ter chamado este grupo de "fixos estruturais", um nome que seria indicado para traduzir o que significam socialmente. Pensando na forma espacial, chamei-os de "fixos continentes" porque contêm, eles mesmos, muitos objetos, além de abrigarem as firmas e instituições e de serem os locais nos quais os seres humanos desenvolvem a maior parte de suas atividades naqueles momentos em que não estão circulando entre eles através da rede viária.

Os "fixos continentes" são os prédios e terrenos, ou a combinação de ambos, nos quais se estabelecem as instituições (órgãos públicos) e as diversas firmas (empresas de todos os tipos voltadas para a produção, circulação, consumo e serviços, se quisermos pensar mais especificamente no ambiente capitalista)[81]. Além de prédios e terrenos, ou da combinação de ambos em grandes estruturas, os fixos continentes incorporam em suas estruturas o meio ecológico, ou a natureza humanizada. Alguns – os parques e jardins – são mesmo recantos cuja função é exatamente a de manter, sob certos cuidados, recortes espaciais do meio ecológico.

O quadro ficaria muito complexo se, nele, eu tivesse investido na pretensão de indicar quais são exatamente estas firmas que estão sediadas nos "fixos continentes". Façamos isso agora. Exemplos de firmas são as fábricas, fazendas, restaurantes, escolas, hospitais, cemitérios, áreas de lazer, lugares de

---

[81] O esquema, entrementes, presta-se igualmente à análise dos demais sistemas históricos. O mundo feudal, as antigas sociedades escravistas, os impérios teocráticos da América antiga, também tinham suas próprias estruturas continentes e suas estruturas condutoras de fluxos.

entretenimento, instituições de cultura, bancos, financeiras, estabelecimentos comerciais, postos de gasolina, ou o que mais se possa imaginar. Estes diversos exemplos de firmas, e ainda muitos outros, poderiam ser organizados em um novo esquema, que poderia se somar ao anterior (quadro 7).

Em geral, as firmas pertencem a cinco grupos: (1) as unidades de produção (fábricas, estaleiros, fazendas), (2) as unidades de circulação (estabelecimentos comerciais de todos os tipos), (3) as unidades de consumo (restaurantes, casas de espetáculos), (4) as unidades de apoio à vida (as escolas, hospitais, as prestadoras de serviços, e, no momento último, os cemitérios). Por fim, (5) as importantes unidades de impulso e captação de fluxos (usinas hidroelétricas, companhias de gás, luz, telefonia, e também as instituições que cuidam dos fluxos financeiros, como os bancos, ou ainda as empresas de transportes terrestres, aquáticos e aéreos, que cuidam dos trânsitos de todos os tipos).

Quadro 7 Diversos tipos de firmas, de acordo com as suas funções gerais

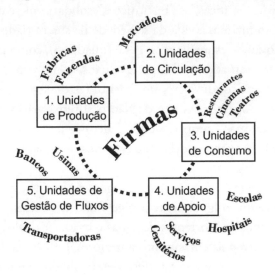

Se há um grupo mais direto de "unidades de produção", isso não quer dizer que os demais tipos de firmas não participem do circuito produtivo, pois em geral eles desempenham funções sem as quais a produção não seria possível. Entre as unidades de apoio à vida (de apoio à produção, pode-se dizer) há exemplos evidentes. As escolas e universidades produzem os diversos especialistas imprescindíveis ao processo produtivo, além de formarem cidadáos no sentido mais geral, de perpetuar o conhecimento em várias instâncias, e de produzir pesquisa (no caso das universidades). Estas e outras unidades de apoio também poderiam ser chamadas de "unidades de produção imaterial". Algumas produzem ideias, ciência, tecnologia, dispositivos disciplinares. Os hospitais, se apoiam a vida, ao mesmo tempo asseguram uma mão de obra saudável; além disso, atraem fluxos de produtos farmacológicos.

De sua parte, as unidades de circulação e consumo correspondem a fases específicas da produção em *lato sensu*. De sua parte, as unidades de gestão de fluxos tanto suprem de energia as unidades produtivas como lhes proporcionam os recursos e investimentos através de instituições financeiras (no caso das sociedades capitalistas). Desta maneira, o conjunto total das firmas também pode ser examinado do ponto de vista dos modos de produção, embora não só isso.

Ao lado das firmas, também estão sediadas, entre os "fixos continentes", as instituições públicas ligadas a todos os níveis governamentais. Das delegacias e do corpo de bombeiros aos diversos órgãos do Estado e daí aos ministérios e sedes políticas, as "instituições" solidarizam-se com as "firmas" no sentido de produzirem a vida da sociedade na sua miríade de facetas[82].

No polo ao sul do esquema mais geral (quadro 6), como já foi mencionado, acham-se representados os fluxos. Os fluxos, como vimos anteriormente, não são os dutos que conduzem o movimento (estes são os fixos condutores). Os fluxos são o próprio movimento. Não o sistema viário, mas o trânsito; não a rede elétrica, mas a própria eletricidade; não a rede de telefonia, mas as mensagens que fluem através dela; não os canos de água, mas a água encanada. Não a rede de esgoto...

Há "fluxos materiais" – os mais antigos conhecidos na história, a não ser que consideremos o igualmente antigo fluxo das ideias, e sem contar os fluxos naturais (como as correntes de águas conduzidas pelos rios, o ciclo da chuva, e tantos outros sistemas muito anteriores à presença do homem). De todo modo, entre os fluxos mais antigos desenvolvidos pelos seres humanos, temos o Comércio. Este impõe fluxos materiais porque o que se movimenta através deles são objetos físicos, como as mercadorias de todos os tipos (hoje, temos ainda mercadorias virtuais). Se considerarmos os tradicionais sistemas de troca de mensagens, como o Correio, as correspondências também constituem objetos que circulam nestes fluxos materiais.

---

82 Procuro conciliar aqui os dois sistemas de classificação espacial desenvolvidos por Milton Santos: o que divide o espaço em fluxos e fixos, e o que o examina a partir de cinco elementos: firmas, instituições, meio ecológico, homens e infraestrutura.

O período moderno introduz tecnologias que permitem os fluxos elétricos. A princípio eram necessários sistemas fixos para a condução de energia. Mais tarde, surgem as tecnologias capazes de transmissões sem fio. A telefonia celular é um exemplo. A rede mundial de computadores, embora dependente do fluxo de eletricidade para funcionar, possibilita a troca on-line de mensagens. O capitalismo apoia-se nos fluxos de capitais. Estes podem tanto se dar a partir de objetos materiais – papel-moeda, moedas metálicas, ouro, ações escriturais, compra e venda de propriedades – como na circulação imaterial de capitais. Os valores podem ser transferidos entre as contas-corrente através de ordens bancárias, de assinaturas em cheques ou de autorizações on-line.

As ações humanas, se considerarmos que elas fluem através de posições que se encadeiam umas nas outras, também formam os seus fluxos. De igual maneira, as ações geram reações, e estas, outras ações. É controverso, mas podemos pensá-las como fluxos. De todo modo, se não for para pensá-las como fluxos, elas certamente são formadoras de fluxos (além de instituidoras de fixos). De fato, tal como assinala Milton Santos, "os fluxos são um resultado direto ou indireto das ações e atravessam ou se instalam nos fixos, modificando a sua significação e o seu valor, ao mesmo tempo em que também se modificam"[83].

Se decido me comunicar por telefone com alguém, autorizo a formação de um fluxo que percorrerá esse fixo condutor que é a rede de telefonia, e o fluxo durará o período em que se mantiver a comunicação (de modo que será tanto um fluxo elétrico, como um fluxo de mensagens). De igual maneira, quando dezenas ou centenas de seres humanos decidem se transportar de um lugar para o outro, e agem no sentido de ocupar e percorrer as vias públicas – cada qual visando o seu destino particular – forma-se este fluxo que é o trânsito. São ações, enfim, que determinam fluxos. Alguns se automatizam e passam a funcionar como sistemas. Todavia, sempre poderão, a qualquer momento, ser bloqueados, intensificados, ampliados ou mesmo encerrados, de modo que as ações humanas estão por trás dos fluxos, alimentando-os de uma maneira ou de outra.

Também são as ações que imprimem este ou aquele uso aos fluxos. A um rio que corre, com seu fluxo de águas moventes, poderemos dar muitas funções. Sobre eles, acima de suas águas, podemos instituir um fluxo de navegação. Abaixo de sua superfície, com a pesca, poderemos interferir na cadeia

---
[83] SANTOS, 2002, p. 61-61. "A natureza do Espaço" [original: 1996].

alimentar (mais um fluxo natural, que precedeu o homem). Ao rio, e ao fluxo de suas águas, podemos dar um destino hidrelétrico, que irá se articular a novos fluxos. Por trás de tudo isto estão sempre as ações.

As ações – as decisões de tomá-las – são imateriais, mas geram resultados concretos. Estes resultados de ações tanto podem se estabilizar em fixos, como podem se converter em movimento, através dos fluxos, e através das cadeias de ações que se interligam como os elos de uma corrente. A possibilidade de enxergar o espaço desta maneira – como materialidade que é percorrida pelas ações – possibilita chegar à última definição proposta por Milton Santos: o espaço como "combinação de sistemas de objetos e sistemas de ações".

Como uma questão de método, é interessante notar que tanto a análise dos fixos como também uma atenta análise dos fluxos, permitem abordar aspectos históricos e sociais, como a desigualdade humana. Mais evidente e sem vergonha de aflorar à luz do sol, a riqueza expressa-se altissonante através dos fixos residenciais dos grupos sociais favorecidos, ao mesmo tempo em que a degradação material é evidente nos fixos residenciais dos grupos menos favorecidos. O mesmo ocorre nos fixos condutores; por exemplo: as vias públicas, em muitos casos não asfaltadas ou tampouco calçadas.

É também possível analisar as questões sociais e políticas através das dinâmicas que envolvem as alterações de fixos agrícolas, ou de propriedades fundiárias. Os redimensionamentos da terra – fazendas que incorporam outras, ou então as que são fragmentadas, assim como as áreas que são vendidas para atender a outros tipos de produção – também são indicativos de uma história que envolve oscilações econômicas ou redefinições territoriais. As lutas dos movimentos sem terra pelos fixos fundiários, de igual maneira, ou dos movimentos sem teto pela ocupação de espaços urbanos, constituem o outro lado da história.

A história social também pode ser abordada através dos fluxos. Verificá-los é examinar a disponibilização de serviços, os seus ritmos de utilização. Há fluxos que não são sequer oferecidos para certas parcelas da população, como os fluxos de água encanada, de eletricidade, ou uma adequada rede de esgotos. Há fluxos que são oferecidos pela metade![84] Contudo, há uma luta social pelos fluxos, uma resistência clandestina. Os chamados "gatos" (co-

---

84 Milton Santos, em *Manual de Geografia urbana* (1981), registra alguns dados sobre a cidade de Dacar. Em um bairro pobre, Abadã, "há eletricidade instalada; contudo, a corrente só é fornecida alguns dias da semana" (2012, p. 195).

nexões clandestinas) moldam fixos condutores onde antes não havia: criam fluxos que as instituições negligenciaram. Do mesmo modo, as trilhas criam sulcos não previstos pelo plano viário.

Finalizo ressaltando um interessante aspecto, mais filosófico do que geográfico, da relação entre fixos e fluxos. Definir algo como fluxo ou fixo, na verdade, é só uma questão de ponto de vista, de escala, de relatividade. Na escala do universo, ou em outro regime de tempo, a montanha que se formou e se transformará lentamente em outra coisa é um fluxo. Do ponto de vista humano, a montanha não pode deixar de ser senão um fixo; mas pode-se apreciar o desabrochar, maturação e morte de uma flor como fluxo. Enquanto isso, para os pequeninos insetos que as polinizam, as flores poderiam ser vistas como fixos. Um ciclo de vida de apenas dois meses obriga a que as abelhas vejam as coisas de uma outra perspectiva que não é a dos homens.

Para os seres humanos, enfim, as estrelas são eternas. Seria possível, não obstante, imaginar um ponto de vista que partisse da formação de uma estrela e percebesse, como fluxo, o processo termonuclear que levará cada estrela a se intensificar, expandir-se, contrair-se e a se extinguir. Enxergar algo como fluxo ou fixo é tão relativo como distinguir matéria e energia. É evidente, por outro lado, que a Geografia e as demais ciências humanas trabalham com as escalas do homem.

14 Escalas: mais do que um jogo de lentes

Será oportuno abordar, neste momento, esse conceito fundamental da Geografia que se tornou, a partir de certo momento, igualmente primordial para a História. Trata-se de algum modo de um conceito que se coloca acima de todos os outros no que concerne aos aspectos espaciais dos estudos geográficos e historiográficos: a *escala*. A ideia de escala pode ser empregada, na verdade, para enfatizar a possibilidade de enxergar de diferentes patamares e perspectivas não apenas o espaço, mas também o meio, o tempo e o próprio homem.

O principal sentido de escala pode ser mais bem-apreendido se nos colocarmos na situação de alguém que precisa elaborar uma representação do espaço através de um ou mais mapas, ou então de alguém que está situado em determinado ponto, e não outro, para observar determinado espaço físico. O conceito liga-se à ideia de que podemos "ver" as coisas a partir de diversos patamares de observação, mais próximos ou distanciados, bem como a partir de ângulos diversos (e mesmo de tempos distintos).

Além disso, o desenvolvimento tecnológico trouxe, desde a primeira modernidade, a invenção de magníficos instrumentos de visualização que permitem ampliar consideravelmente, ou mesmo extraordinariamente, a escala de percepção ou de leitura de determinada porção do espaço. Os microscópios, com o uso de lentes de certo tipo, permitem que seja examinada toda uma realidade invisível de micro-organismos que, se não fosse este instrumento, permaneceria obscura para os cientistas. Pode-se ainda chegar a realidades muito pequenas da matéria física: à célula e ao átomo. Enquanto isso, os telescópios – instrumentos dotados de poderosas lentes que ampliam de maneira impressionante a capacidade de enxergar objetos longínquos – podem apreender, também a partir de várias escalas, o espaço sideral.

Tudo isso veio a conferir aos seres humanos uma grande e diversificada capacidade de enxergar o mundo a partir de diversos níveis de percepção, bem como de elaborar representações do mundo simulando diversificados patamares de observação. A ideia de escala, associável a estas possibilidades, pode ser associada, por fim, às demandas de mensurar os fenômenos e de estabelecer distintos padrões de medição, os quais se baseiam cada qual em certa unidade de medida. Conhecidas as unidades básicas de cada escala, pode-se proceder a uma comparação entre umas e outras. Por isso, também utilizamos escalas para medições de temperatura, de abalos sísmicos, e assim por diante.

Não obstante, com vista aos assuntos que aqui nos interessam mais especificamente, vamos nos concentrar mais propriamente nas escalas de visualização e de representação do espaço. Com relação a este último aspecto, podemos definir a escala cartográfica como a relação matemática entre as dimensões do objeto na sua situação real ou corriqueira e as dimensões do desenho que pretende representá-lo em um plano ou mapa, ou mesmo em um novo objeto, como no caso dos globos esféricos que representam o planeta ou das maquetes utilizadas pelos arquitetos como pequenas cópias materiais de cidades.

Em Cartografia, o mais habitual é o uso das escalas reduzidas, nas quais o espaço de representação constituído pelo mapa é bem menor do que o espaço real que está sendo representado[85]. De todo modo, podemos também pensar na "escala ampliada", através da qual se representa um espaço que é menor na situação real, de modo a apreender os detalhes mínimos de uma

---

[85] Nesse caso, expressa-se matematicamente esta relação entre os dois espaços por uma fração (1/400.000, p. ex.), na qual o numerador da fração é sempre menor que o denominador da mesma.

determinada área. De certo modo, é isto o que faz o microscópio, ao trazer para o plano da visualidade humana uma pequeníssima área a partir da qual, com poderosas lentes de aumento, podem ser visualizadas realidades microbiológicas ou infra-atômicas[86].

Sobre a relação da escala com a visualização de um fenômeno ou realidade, é importante acrescentar que, em seu uso metafórico, o conceito de escala também migrou para os sentidos mais abstratos da palavra "ver" – palavra que, além do ato puro e simples de olhar, remete a sentidos como o de "conceber", "enxergar as coisas de um certo modo ou com determinado nível de aproximação". Posso ver um problema em diferentes escalas – concreta ou metaforicamente falando. Posso estabelecer uma visão panorâmica sobre as coisas, como se abarcasse uma extensão ampla, ou examinar algo em seus mínimos detalhes.

Esse segundo uso do conceito de escala (ao qual remete à ideia de "ver" como "conceber as coisas de uma certa maneira ou de uma perspectiva mais geral ou específica", e não simplesmente como "olhar para as coisas"), permite certamente pensar uma sutil distinção entre a "escala cartográfica" – compreendida como procedimento técnico que se aplica à elaboração de mapas – e a escala geográfica, que se refere à possibilidade de enxergar as coisas em diferentes níveis de análise e em sintonia com diferentes espaços de conceituação[87].

Um geógrafo, um antropólogo, um sociólogo ou um historiador pode se predispor a examinar as relações sociais, espaciais, culturais e econômicas que estão estabelecidas no interior de uma aldeia indígena brasileira. Na sua busca de compreensão desta aldeia, podem fazer isto elegendo os mais diversos pontos de aproximação ou distanciamento (em relação à espacialidade física, no caso do geógrafo, relativamente a um adentrar na vivência cotidiana do homem comum, para o caso do antropólogo, ou com referência a uma análise intensiva de certo tipo de documentação, no caso dos historiadores).

---

86 Nas escalas ampliadas, o numerador é maior do que o denominador da fração. P. ex.: 100:1, 1.000:1 etc.

87 Dito de outro modo, a escala cartográfica pode ser considerada um procedimento prático, representativo e meditivo (quantitativo, de certo modo). Enquanto isso, a escala geográfica, que pode pressupor a escala cartográfica, mas não se confunde com ela, é qualitativa. Uma, a escala cartográfica, é utilizada para a confecção de mapas. Outra, a escala geográfica (assim como a escala historiográfica ou a escala antropológica) refere-se à análise, ao problema que se examina, e com qual qualidade de aproximação.

Se ao antropólogo é possível adentrar a aldeia para conviver diretamente com os nativos e falar de seus problemas imediatos, internos à própria aldeia e de uma perspectiva mais próxima daqueles que os vivem, ou se é exequível ao historiador o exame intensivo de alguma documentação que lhe permita reencontrar-se no próprio nível dos nativos que viveram nesta aldeia em algum momento do passado, poderemos aqui falar de um nível grande de aproximação escalar. Ao cientista político, também, pode-se pensar em uma pesquisa que siga o eleitor em sua trajetória individual. Em casos como estes, temos a ampliação da escala de observação[88].

Encontramo-nos, nesta operação, com o geógrafo que examina a aldeia em si mesma, que procura representar e falar dos espaços internos da própria aldeia. Todavia, podemos também examinar a situação desta aldeia em um universo mais amplo (um Estado, p. ex.), ou então a mesma aldeia inserida no espaço nacional do Brasil. Certo estudo pode examinar a aldeia para inseri-lo no quadro amplo das aldeias indígenas que recobrem toda a América Latina. Ou podemos pensar em como esta aldeia está inserida no mundo (como sofre os problemas da globalização, p. ex.). Enxergar a aldeia indígena no interior de diversos enquadramentos é variar a escala de observação.

Digamos que escolhemos a grande escala – aquela que busca se avizinhar do objeto de modo a examiná-lo em sua situação viva, cotidiana. Uma grande escala, no caso da cartografia, permite representar em um mapa a espacialidade de um bairro, deixando visíveis sinalizações sobre os bares e bancas de jornal que existem em cada esquina e entre elas[89]. Esta, daí para mais, seria a ordem das maiores escalas possíveis, chegando-se à planta de um edifício, de um apartamento, da distribuição de móveis em um pequeno quarto.

---

[88] Existe um erro comum, entre historiadores. Diz-se que a Micro-história – modalidade historiográfica que constitui seu objeto amparada em uma análise intensiva e em uma atenção especial aos detalhes – opera com uma "redução na escala de observação". Eu mesmo cometi este erro no passado. O estudo mais interdisciplinar com a geografia me clarificou que é exatamente o contrário. O olhar micro-historiográfico amplia, na verdade, a escala de observação. Basta considerarmos que na cartografia o mapa de pequena escala é o mapa-múndi, e o mapa de grande escala é o que vai se aproximando de uma região mais recortada.

[89] Uma escala como a de 1:25.000, entre outras, pode ser confortavelmente usada para a representação cartográfica de cidades, bairros e ruas. Escalas como a de 1:1.000.000 podem ser usadas para a representação de países e continentes. Mas isso depende, obviamente, das dimensões do papel no qual será registrada a representação cartográfica (uma pequena folha, ou uma grande cartolina).

Classificar uma escala como maior ou menor envolve uma perspectiva relativista. O mapa que focaliza as ruas de um bairro em detalhe apresenta uma maior escala do que o mapa que retrata a cidade, e este uma escala que ainda assim é maior do que a de um para que retrata um Estado, ou de outro que retrata a nação. O conjunto de continentes e oceanos que recobrem o Planeta Terra, retratado em um mapa plano, seria o de pequena escala. Menores que esta, seriam a escala de um mapa do sistema solar e dos mapas estelares, nas quais o Planeta Terra se transforma em uma pequena bola, depois em um ponto, e por fim desaparece.

A maior escala possível, a escala natural, seria aquela na qual a representação do espaço corresponderia ao próprio espaço, superpondo-se a ele (ou seja, seria a escala 1:1). Jorge Luís Borges (1899-1986), no conto *O rigor da ciência* (1935), escreveu uma passagem deliciosa pensando nesta situação, ao nos falar, sob o disfarce de um viajante do século XVII, de um antigo império no qual os geógrafos terminaram por elaborar um mapa do tamanho do próprio império:

> [...] Naquele império, a Arte da Cartografia alcançou tal Perfeição que o mapa de uma única Província ocupava uma cidade inteira, e o Mapa do Império uma Província inteira. Com o tempo, estes Mapas Desmedidos não bastaram e os Colégios de Cartógrafos levantaram um Mapa do Império que tinha o Tamanho do Império e coincidia com ele ponto por ponto. Menos Dedicadas ao Estudo da Cartografia, as gerações seguintes decidiram que esse dilatado Mapa era Inútil e não sem Impiedade entregaram-no às Inclemências do sol e dos Invernos. Nos Desertos do Oeste perduram despedaçadas Ruínas do Mapa habitadas por Animais e por Mendigos; em todo o País não há outra relíquia das Disciplinas Geográficas" (MIRANDA, S. "Viajes de varones prudentes". Libro quarto, cap. XIV. Lérida, 1658 In: BORGES. O rigor da ciência)[90].

A categoria da escala – primordial seja nas análises geográficas (a escala refere-se ao que se considera como problema ou tema de estudo), seja nas representações cartográficas (a feitura de mapas de diferentes escalas) – tem se tornado igualmente primordial para a História. No cenário historiográfico do último quarto do século XX, a introdução da Micro-história – uma modalidade historiográfica que examina o seu objeto em escala ampliada (ou a partir de uma "redução da escala de observação", como erroneamente se

---

90 BORGES, 1981, p. 143-144.

diz)[91] – trouxe o problema da escala para primeiro plano entre historiadores. Uma escala ou outra permite que sejam vistos certos aspectos (ou que sejam examinados determinados aspectos à luz de certo campo de saber) e que outros se tornem invisíveis. Um fenômeno que pode ser representado, discutido ou problematizado em determinada escala, em outra escala já pode não ser sequer representável; se o for, a mudança de escala pode concomitantemente modificá-lo, como bem o sabem os micro-historiadores, ou como há muito já sabiam os geógrafos e cartógrafos.

Ficam em aberto, na discussão sobre escalas, uma de duas perspectivas. De um lado, pensa-se habitualmente que um mesmo fenômeno pode ser estudado em escalas diferentes. Por exemplo, pode-se estudar o impacto da globalização nas relações internacionais, ou o impacto da globalização em uma pequena aldeia indígena no interior do Brasil. Pode-se examinar a implicação do conceito e da categoria política do Estado na escala das relações entre os diversos países, ou pode-se examinar o impacto do Estado nos diversos subconjuntos que dele se desdobram, bem como investigar a interferência do Estado na vida de uma aldeia indígena, ao mesmo tempo em que percebemos a resistência das sociedades indígenas à malha estatal.

Por outro lado, também se diz que os diferentes níveis de análise (as diferentes escalas) também produzem problemas diferentes. Certos fenômenos só existem porque apreensíveis em grande escala, e outros só existem porque apreensíveis em pequena escala. Enxergar a partir de novas escalas é dar ao olhar novos problemas, novas possibilidades de análise, novos conjuntos de relações.

De igual maneira, o uso de escalas pode implicar certos espaços de conceituação (e ocultar, ou tornar irrelevantes, outros). Mundo, país, região, cidade, bairro, vizinhança, ou outros ambientes fora da tradicional urdidura político-administrativa (sistemas geológicos, redes econômicas, culturais), correspondem a espaços de conceituação distintos, interligáveis ou não.

Para dar um exemplo inicial sobre o uso de escalas em mapas (representações bidimensionais de espaços tridimensionais), pode-se dizer que a representação de um espaço consoante uma escala produz ou afasta a possibilidade de abarcar com o olhar certos problemas, ou de nos movimentarmos em certo "espaço de conceituação". Vejamos uma situação muito concreta.

Digamos que tenhamos diante de nós um mapa do tamanho de uma folha de cartolina, o qual mede, de lado a lado e de alto a baixo, tantos e

---

91 Cf. nota 31.

quantos centímetros da largura e de comprimento. Além disso, suponhamos que este mapa esteja construído de acordo com uma determinada escala (este é o ponto mais importante). Este mapa – com estas dimensões específicas (o tamanho do papel) e com esta *escala* – permitirá a representação da cidade do Rio de Janeiro, que no caso ocupará a folha de cartolina inteira.

Suponhamos que tenhamos decidido diminuir a escala consideravelmente, ainda que conservando exatamente a mesma superfície de papel. Com uma escala reduzida para 1:400.000, o mapa começa a mostrar agora o Estado do Rio de Janeiro inteiro, e a cidade do Rio de Janeiro tornou-se um pequeno círculo cinzento, pouco maior do que os círculos que representam a posição das cidades menores.

Neste novo nível escalar de representação desaparecem, ato contínuo, as ruas e avenidas principais (o sistema viário interno), bem como os bairros nos quais a cidade se divide ou os vários morros que se oferecem como obstáculos à circulação de automóveis e pedestres (mas que também se abrem, é claro, como brechas para a habitação espontânea de alguns de seus habitantes). Desaparecem os contornos mais precisos da cidade. Rio de Janeiro e Niterói, duas cidades contíguas, quase se tocam quando passamos a este nível de representação espacial, o que permite pensarmos em um novo problema: o da *conurbação* urbana[92]. Além disso, com essa escala, somos imediatamente levados a pensar na posição da cidade do Rio de Janeiro no interior dessa divisão política e administrativa mais ampla que é o Estado do Rio de Janeiro. Enquanto isso, os problemas típicos da municipalidade já não encontram mais acolhida no nosso novo âmbito de visualização.

Afloram, agora, as relações da cidade do Rio de Janeiro com outras cidades do mesmo Estado (Niterói, Vassouras, Campos e muitas outras). Aparecem as estradas que as interligam. Podem ser representadas também as práticas agrícolas tais como se repartem no Estado, as vias fluviais, relevo, e assim por diante. Posso representar, com o recurso de cores diversas (se este for meu problema específico de análise) as diferentes concentrações demográficas no Estado. Ou posso fazer um mapa climático das várias sub-regiões do Estado do Rio de Janeiro. Problemas como estes – a distribuição demográfica ou climática no interior do Estado; as relações entre as suas diversas cidades; as estradas e a rede fluvial; o relevo e as práticas regionais da agricultura – só

---

92 Unificação da malha urbana de duas ou mais cidades, em decorrência de seu crescimento extensivo no espaço.

se tornaram pensáveis (e representáveis) nesta nova escala de representação. Dito de outro modo, a escala possibilitou a emergência de novos espaços de conceituação.

Uma nova diminuição considerável da escala pode nos levar a conseguir representar, na mesma folha de cartolina, o mapa do Brasil (um país). Surge, então, um novo conceito: o de nação. Se for um mapa de divisões administrativas (pois isto quem decidirá é o cartógrafo), aparecem de pronto as unidades federativas (os estados); estes podem, à escolha do cartógrafo, estar unidos em cores que representam as regiões (sul, sudeste, centro-oeste, norte, nordeste). Neste nível de escala, novos espaços de conceituação tornam-se possíveis; novas ideias podem ser pensadas (a nação, a região que engloba vários estados, as grandes formações geológicas, ambientes ecológicos como a Floresta Amazônica). Novos problemas surgem, portanto, como possibilidades. Neste novo mapa, a cidade do Rio de Janeiro transformou-se em um pequeno ponto. Outras cidades, menores, "desapareceram do mapa" – tornaram-se demasiado pequenas no interior da escala de observação mais reduzida.

Por fim, posso reduzir ainda mais a escala de representação, de modo a abarcar na mesma folha de cartolina um mapa plano do planeta inteiro. Temos agora as diversas nações agrupadas nos cinco grandes continentes, os quais se acham separados pelos grandes oceanos e por um sistema de mares internos.

Este nível escalar faz surgir a política internacional, ou ao menos a torna apreensível ao olhar. Percebemos as fronteiras que todos os países estabelecem com seus vizinhos. Podemos compreender que alguns países têm acesso ao mar, outros não. Podemos construir, novamente lançando mão do recurso de cores, mapas climáticos ou representações do relevo. Cidades que eram visíveis no nível anterior sumiram; outras se transfiguraram em pequenos pontos. O problema das conurbações não é mais representável, pois as megalópoles transformaram-se em pontos. Mas podemos compreendê-las em sua posição no interior de seus países, e assinalar com uma estrela o fato de que algumas delas possuem a função política de capitais. Podemos, neste nível escalar, construir um mapa das linhas aéreas que ligam, entre si, as diversas cidades.

O que foi dito pode ser compreendido tanto no sentido literal – a confecção de mapas – como no sentido metafórico: a elaboração de pensamentos mais abrangentes (com a redução da escala) ou mais específicos (com a ampliação da escala). A micro-história trabalha com uma grande escala: pode-se seguir, através de uma documentação adequada, a trajetória de um indivíduo comum, uma vizinhança, um espaço de aldeia. Pode-se buscar enxergar algo mais através destes pequenos espaços ampliados por uma análise intensiva das fontes, Podemos, em contrapartida, reduzir a escala de observação de modo a abarcar uma vasta extensão – uma economia-mundo, uma realidade atlântica percebida através das redes de comunicação e transportes marítimos que a recobrem – e, novamente, a certa altura, retomar a perspectiva micro-historiográfica ao afunilar o olhar na direção da apreensão da trajetória de um marinheiro, de um escravo trasladado da África para o Brasil.

A alternância de escalas é também um recurso possível, na Geografia como na História. O mais importante, por ora, é compreendermos que o uso desta ou daquela escala permite pensarmos em alguns problemas, e não em outros, da mesma maneira que conclama a utilização de alguns conceitos, e não de outros.

O mesmo tema, por outro lado, pode ser examinado (complementarmente ou não) a partir de escalas distintas. Reportemo-nos a certo espaço simultaneamente histórico e geográfico, e tentemos apreender um pouco da violência que o afeta. A escala pequena – abarcando com um único olhar vastas regiões em certo momento histórico, ou mesmo áreas continentais, permite enxergar as guerras que as recobrem. Se ampliarmos a escala e focalizarmos em uma pequena localidade o interior de um edifício, talvez nos deparemos com um marido espancando a esposa, ou com uma cena de tortura policial. Se neste último caso estamos empreendendo uma pesquisa de História Local ou de Micro-história, isso dependerá do que faremos com esta observação (se a trabalharemos em si mesma, localmente, ou se a utilizaremos como caminho para enxergar algo mais amplo).

Para dar outro exemplo, podemos, com o recurso da escala pequena, estender o olhar amplo para enxergar uma greve de operários. O geógrafo a representará no mapa, mostrando as regiões do país que aderiram ao movimento; o historiador a analisará em fontes diversas, talvez as notícias de jornal ou os documentos oficiais de negociação entre sindicato e representação patronal. Ao par disso, um micro-historiador pode examinar um destes trabalhadores em seu dia a dia e na sua trajetória pessoal – a sua negociação diária para permanecer no emprego, as formas assumidas pela sua resistência, os subterfúgios, as violências sofridas e os modos como reage a elas. Essa grande escala (com frequência se diz, erroneamente, essa "redução na escala de observação") permite trabalhar no nível micro-historiográfico.

A Geografia, cumpre observar, coloca em relação ao uso de diferentes escalas um problema muito específico, que é só dela. Já ressaltamos que existe uma diferença entre a "escala cartográfica" (a escala utilizada pelo cartógrafo para elaborar um mapa e representá-lo na superfície plana de uma folha de papel ou de uma tela de computador), e a "escala geográfica", relacionada ao problema que será examinado, ao espaço de conceituação a ser utilizado, em nível de análise. Pode ocorrer que um geógrafo-cartógrafo seja conclamado a estudar um certo problema geográfico somente perceptível em "escala geográfica ampliada" – por exemplo, a presença e a resistência à violência doméstica no cotidiano de famílias específicas, sendo estas examinadas através de entrevistas e de ocorrências policiais – e que, em seguida, esse mesmo geógrafo-cartógrafo deseje elaborar um instrumento adequado para a visualização do espalhamento da violência doméstica no planeta, construindo para tal um mapa de pequena escala com vistas a abranger o espaço planetário. Ou seja, um problema micro – a resistência cotidiana à violência doméstica – pode encontrar a sua representação global em um mapa planetário. A "escala geográfica" não coincide – *não necessariamente* – com a "escala cartográfica". Isso ocorre porque a análise geográfica e a representação cartográfica são operações distintas. Implicam decisões em separado.

A oscilação entre o individual e o coletivo traz-nos um problema novo, que também quero inserir na reflexão sobre as escalas. Falamos da guerra e dos massacres coletivos observados em escala planetária (em escala pequena no mapa). Falei ainda da violência individual (o marido que espanca a esposa), a qual só pode ser percebida com uma ampliação da escala de observação. Chamo atenção agora para o fato de que há uma clara distinção de impacto (nos espectadores de notícias, nos leitores de livros, em um nicho eleitoral) entre a violência coletiva e a violência individual.

O mesmo ocorre com relação a qualquer outra questão, seja ela positiva – como a execução de um programa com vistas ao letramento coletivo, em contraste com a iniciativa de alguém que resolveu por conta própria promover uma alfabetização individual – ou seja um aspecto negativo, tal como o extermínio em massa de menores abandonados por contraste com o assassinato de um deles, "isoladamente".

Os massacres promovidos pela violência coletiva (guerras, genocídios, atentados terroristas, chacinas de população de rua) adquirem uma inquestionável visibilidade quando comparados a uma violência individual (o assassinato de um indivíduo, o espancamento de uma mulher isolada). As guerras estão sempre nos noticiários, e passam sempre para a história. O crime – um crime passional, por exemplo – também frequenta os noticiários, mas por vezes em uma escala menos enfatizada, à qual se confere menor visibilidade. Além disso, dificilmente um crime qualquer entrará para a história (*lato sensu*), e possivelmente logo desaparecerá da memória da maior parte das pessoas que um dia assistiram à sua notícia[93].

Quero aproveitar essa constatação para falar nas *escalas invisíveis*. Quando ocorreu em 8 de março de 1857 uma manifestação espontânea de trabalhadoras da indústria têxtil, em Nova York, e este movimento de protesto foi brutalmente reprimido pela polícia, esse acontecimento adquiriu uma grande visibilidade. Mais tarde, essa visibilidade, através de um grande trabalho de memória promovido por movimentos populares, converteu-se também em uma visibilidade histórica ao dar origem ao Dia Internacional da Mulher.

Vamos dizer que este acontecimento correspondeu a uma violência coletiva sincrônica (abatendo-se sobre uma multidão de pessoas, e de uma única vez). Enquanto isso, em determinada ocasião uma mulher trabalhadora foi espancada a mando do patrão, ou sofreu assédio sexual (coisas como esta certamente ocorreram muitas e muitas vezes). Talvez o fato tenha passado ao noticiário, mas depois desapareceu e não deixou maiores registros.

O coletivo – este é o ponto sobre o qual desejo discorrer – sempre adquire uma visibilidade muito maior e mais duradoura do que o individual. Entrementes, muitas mulheres foram e continuam sendo brutalizadas no seu ambiente de trabalho, sistematicamente, durante anos e anos. Essa violência coletiva diacrônica (ocorrida contra um grande grupo de pessoas, mas espaçadamente, ao longo do tempo) termina por apresentar uma visibilidade menor do que as violências coletivas sincrônicas.

As bombas de Hiroshima e Nagasaki (1945)[94] explodem até hoje na memória coletiva. Enquanto isso, a extensão da violência diária contra as mulheres pode passar despercebida pela maioria das pessoas. Todavia, digamos que um certo pesquisador social resolveu fazer um estudo sobre essa violência

---

93 O crime poderá ser recuperado para a História em algum momento, é claro, desde que algum historiador queira ou consiga lhe dar nova visibilidade (i. é, transferi-lo para uma outra escala). Não obstante, dificilmente o historiador fará isso só por ter sido um crime, sendo mais provável que se utilize dele, tal como fazem os micro-historiadores, somente para estudar outras coisas que não o próprio crime.

94 Detonadas, respectivamente, em 6 e 9 de agosto de 1945.

coletiva diacrônica, e que terminou por publicar o seu estudo, alcançando sucesso de vendagem. Subitamente, essa violência coletiva contra as mulheres, diacrônica e dispersa no tempo, adquiriu visibilidade ao ser reunida em um único estudo, através de um trabalho estatístico.

Uma mulher brutalizada individualmente em determinada ocasião não será lembrada, a não ser que algum historiador desarquive o registro policial da brutalidade que contra ela foi perpetrada um dia. Mas a violência coletiva diacrônica traduzida em estatísticas, enquanto isso, adquire certamente uma maior visibilidade. A violência contra a mulher no trabalho, transformada em estatística, incorpora um brutal destaque. De igual maneira, nem todo mundo se incomoda ao saber que uma criança pobre específica morreu no Nordeste; mas todos tendem a se comover quando tomam conhecimento das elevadas taxas de mortalidade infantil no Nordeste.

Por fim, como já foi dito, a violência coletiva sincrônica – isto é, a violência que se projetou em um espaço social mais amplo – mais ainda e mais do que tudo, será sempre lembrada. Aprendemos nas escolas sobre o Massacre do Campo de Marte, ocorrido em 1791 durante o processo revolucionário francês. Conhecemos também o massacre das trabalhadoras têxteis em março de 1857, que cinquenta anos depois inspiraria a criação do Dia Internacional da Mulher. Transformou-se em um emblemático filme o impressionante Genocídio de Ruanda (1994). Ao mesmo tempo, sempre lembraremos do atentado contra as Torres Gêmeas (ou melhor, a destruição do World Trade Center, ocorrida em 11 de setembro de 2001). Tendemos, no entanto, a nos esquecer dos massacres de palestinos todos os dias nos conflitos do Oriente Médio, a não ser quando estas mortes são reunidas estatisticamente, e adquirem súbita visibilidade.

Existe, portanto, uma outra ordem de escalas das quais não nos apercebemos comumente. E a questão pode ir além: pode ser construída pela mídia ou pelos poderes instituídos uma certa hierarquização envolvendo os acontecimentos – como se eles fossem apresentados em uma "escala imaginária". No momento em que escrevo estas linhas, não estou muito distante no tempo do episódio dos atentados ocorridos em Paris em 13 de novembro de 2015, com a morte de 130 civis. Este acontecimento foi apresentado em escala ampliada pela mídia. A chacina da Candelária, ocorrida em 23 de julho de 1993 no Rio de Janeiro, não recebeu obviamente a mesma visibilidade internacional. Os acontecimentos, enfim, podem ser perspectivados de modos diferenciados.

Em linhas gerais, é esta mudança de perspectiva que está envolvida quando falamos em diferentes escalas. As escalas – podemos assim defini-las – correspondem a diferentes patamares de visibilidade.

Podemos encerrar este item lembrando que, para muito além da Geografia, a categoria da escala, conforme vimos, é hoje em dia fundamental para o trabalho do historiador, e também para certas correntes da Antropologia. A escala, enfim, é mais um desses conceitos que puderam se enriquecer a partir do contato entre historiadores e geógrafos, ou entre os cientistas ligados aos diversos campos de saber que lidam menos ou mais diretamente com o espaço. Para a História, tornou-se possível entender que a adoção de distintas escalas de observação e de análise permite enxergar, de fato, uma maior variedade de fenômenos e processos históricos.

15 Território: o espaço e o poder

Abordemos um penúltimo conceito relevante: o de Território. Devo evocar aqui outro geógrafo bem importante para a discussão do espaço, embora ainda pouco conhecido pelos historiadores. É Claude Raffestin (n. 1936), que faz uma distinção bastante interessante entre o "espaço" e o "território". Segundo Raffestin[95], "o território se forma a partir do espaço, é o resultado de uma ação conduzida por um ator sintagmático (ator que realiza um programa) em qualquer nível. Ao se apropriar de um espaço, concreta ou abstratamente (seja através da ocupação, seja através da representação), o ator "territorializa" o espaço"[96].

Pode-se observar que a definição de "espaço" proposta por Raffestin, a princípio necessariamente ligada à materialidade física, deixa de fora as possibilidades de se falar em outras modalidades de espaço – o espaço social, o espaço imaginário, o espaço virtual – as quais se constituem no próprio momento da ação humana. De qualquer modo, o sistema conceitual proposto

---

95 RAFFESTIN, 1993, p. 143.

96 É interessante comparar as definições de "território" e "espaço" em Raffestin (1993) e Milton Santos (1978), pois são francamente contrastantes. Enquanto que em Raffestin o espaço precede o território, sendo que este último acrescenta ao primeiro o efeito de uma ação e do exercício de um poder, já em Milton Santos vemos uma relação inversa em uma passagem de *Por Geografia nova*, na qual o geógrafo brasileiro afirma que "a utilização do território pelo povo cria o espaço". O território, aqui, antecede ao espaço. Além disso, em outras obras Milton Santos define o espaço como "a soma indissociável entre sistemas de objetos e sistemas de ações" (SANTOS, 2013, p. 94).

por Raffestin é importante porque chama atenção para o fato de que a territorialização do espaço ocorre não apenas com as práticas que se estabelecem na realidade vivida, como também com as ações que são empreendidas pelo sujeito de conhecimento:

> "Local" de possibilidades, [o espaço] é a realidade material preexistente a qualquer conhecimento e qualquer prática dos quais será o objeto a partir do momento em que um ator manifeste a intenção de dele se apoderar. Evidentemente, o território se apoia no espaço, mas não é o espaço. É uma produção, a partir do espaço. Ora, a produção, por causa de todas as relações que envolve, inscreve-se num campo de poder. Produzir uma representação do espaço já é uma apropriação, uma empresa, um controle portanto, mesmo se isso permanece nos limites de um conhecimento[97].

É oportuno lembrar que a consciência de uma territorialidade que é transferida ao espaço pode transcender o mundo humano. Também os animais de várias espécies, que não apenas o homem, costumam territorializar o espaço com as suas ações e com gestos que passam a delinear uma nova representação do espaço. O lobo que "marca o seu território" cria para si (e pretende impor a outros de sua espécie) uma representação do espaço que o redefine como extensão de terra sob o seu controle. Demarcar o território é demarcar um espaço de poder. No âmbito da macropolítica, é isto o que fazem os estados-nação ao constituir e estabelecer um rigoroso controle sobre suas fronteiras[98].

Entrementes, a noção de território pode ser levada adiante. Conforme veremos oportunamente, o geógrafo francês Yves Lacoste (1976), em uma abordagem que foi denominada "espacialidade diferencial", propõe a possibilidade de se pensar não em enquadramentos espaciais, mas sim em "espacialidades superpostas" (espaços que se superpõem sem que seus contornos coincidam, gerando situações geográficas de grande complexidade). A combinação desta perspectiva com os conceitos de espaço e território propostos por Claude Raffestin também permitiria falar mais propriamente de "territorialidades superpostas".

Em sua realidade vivida, os seres humanos estão constantemente se apropriando do espaço sobre o qual vivem e no qual estabelecem suas variadas

---

97 RAFFESTIN, 1993, p. 144.
98 "Por território entende-se a extensão apropriada e usada. Mas o sentido da palavra *territorialidade* como *sinônimo de pertencer àquilo que nos pertence* [...] esse sentido de exclusividade e limite ultrapassa a raça humana" (SANTOS & SILVEIRA, 2003, p. 19).

atividades e relações sociais. Um mesmo homem, no seu agir cotidiano e na sua correlação com outros homens, vai produzindo territórios que apresentam maior ou menor durabilidade. Ao se apropriar de determinado espaço e transformá-lo em sua propriedade – seja através de um gesto de posse ou de um ato de compra em um sistema onde as propriedades já estão constituídas – um sujeito humano define ou redefine um território. Ao se estabelecer um certo sistema de plantio sobre uma superfície natural, ocorre aí nova territorialização do espaço, caracterizada por uma nova paisagem produzida culturalmente e por uma produção que implicará controle e conferirá poder.

O território que se produz e se converte em propriedade fundiária – ou em unidade política estável para considerar um nível mais amplo – pode existir em uma duração bastante longa antes de ser tragado por um novo processo de reterritorialização. Contudo, se um homem exerce a profissão de professor, ou de político, no momento de exercício destas funções poderá estar territorializando uma sala de aula ou um palanque por ocasião de um comício, constituindo-se estes em territórios de curta duração. A vida é devir de territórios de longa e curta duração, que se superpõem e se entretecem ao sabor das relações sociais, das práticas e representações. Sob certo ângulo, a História Política é o estudo deste devir de territorialidades que se constituem a partir dos espaços físicos, mas também dos espaços sociais, culturais e imaginários.

Com relação à associação entre território e espaço, deve-se notar que, embora habitualmente pensemos no território como um poder ancorado em uma porção de espaço, nada impede que a territorialização afete simultaneamente porções não contíguas do espaço. Milton Santos já observava que "o território, hoje, pode ser formado por lugares contíguos ou por lugares em rede"[99]. Mesmo na Idade Média existiam territórios estabelecidos em um conjunto de porções não contíguas do espaço, como atestam os feudos formados por glebas separadas umas das outras, sem continuidade, e que podiam constituir com outros feudos um curioso retalho formado por diferentes senhorios.

A simultânea libertação do olhar geográfico e historiográfico em relação aos antigos modos de abordar o espaço é uma conquista destas duas ciências. Os caminhos recentes da Geografia humana convergiram para considerar o espaço como "campo de forças". É a um espaço social, conforme vimos atrás,

---
99 SANTOS, 2014, p. 139. "O retorno do Território", 1995.

que Milton Santos[100] se refere quando propõe associar a noção de *campo* a uma Geografia Nova. Abordando a questão do ponto de vista do Materialismo Dialético, ele chama atenção para o fato de que o espaço humano é, em qualquer período histórico, resultado de uma produção. "O ato de produzir é igualmente o ato de produzir espaço". O homem, que devido à sua materialidade física é ele mesmo espaço preenchido com o próprio corpo, além de *ser* espaço também *está* no espaço e *produz* espaço.

Ao par disso, poderíamos mais uma vez unir estas pontas para ressaltar que "o ato de produzir é igualmente o ato de produzir territórios". Cultivar a terra é dominar a terra, é impor-lhe novos sentidos, é apartá-la do espaço indeterminado inclusive frente a outros homens, é exercer um poder e obrigar-se a um controle. Fabricar mercadorias (ou controlar a produção de mercadorias) é invadir um espaço, é adentrar esse complexo campo de forças formado pela produção, circulação e consumo, e tudo isto passa também por exercer um controle sobre o espaço vital dos trabalhadores, sobre o seu tempo.

Os poderes que estabelecem ou controlam um território, dito de outra maneira, são poderes de participar do controle de um ou mais dos fluxos que o perpassam. Mais uma vez, podemos falar na superposição de territórios[101].

Mesmo produzir ideias, podemos finalizar, é se assenhorear de espaços imaginários e, de algum modo, exercer através destes espaços diversificadas formas de poder. A produção de discursos implica, a seu modo, uma espécie de territorialização da fala, através de bem-articuladas operações nas quais devem ser reconhecidas aquelas regras, interdições, e limites e que foram tão bem estudadas por Michel Foucault em *A ordem do discurso*[102]. Em todos estes casos, enfim, a *produção* estabelece territórios, redefine espaços.

Poderíamos falar aqui dos territórios que o historiador produz ao se apropriar dos discursos, das informações e dos resíduos que lhe chegam de uma determinada realidade vivida através daquilo que ele chama de "fontes

---

100 SANTOS, 1978, p. 174. "Por uma Geografia nova".

101 "É a partir de tais constrangimentos que se pode, de um lado, distinguir um mercado efetivo para cada firma – e a palavra mercado tem de ser entendida em termos espaciais – e que, de outro lado, se podem reconhecer sobre o território de um país verdadeiros terminais de distribuição, diferentes para cada produto, segundo o poder da firma que o produz" (SANTOS, 2008, p. 83-84). "Espaço e método" [original: 1985].

102 "Em toda sociedade a produção do discurso é ao mesmo tempo controlada, selecionada, organizada e distribuída por certo número de procedimentos que têm por função conjurar seus poderes e perigos, dominar seu acontecimento aleatório, esquivar sua pesada e terrível materialidade" (FOUCAULT, 1996, p. 8-9).

primárias". Estabelecer um recorte, neste sentido, também poderá ser encarado como um gesto que visa a definir um "território historiográfico" – um território a partir do qual o historiador, como ator sintagmático, viabiliza um determinado programa. É a partir desta operação – seja ela orientada pelo grande recorte no espaço físico, pelo recorte regional, pelo recorte da série documental, ou simplesmente pela análise de uma única fonte – que o historiador deixa as suas marcas e as de sua própria sociedade, redefinindo de maneira sempre provisória este vasto e indeterminado espaço que é a própria História.

16 Harmonia espacial e acordes-paisagens

Estes dois próximos itens constituem uma proposta nova para a análise da espacialidade. Sim, talvez seja uma viagem, como se diz, ou então uma fantasia conceitual. Mas ousaremos formulá-la. Ao menos, a proposta nos desafiará a pensar novas questões; quando não, convidará a enxergar as coisas a partir de novos ângulos. Vamos sintetizar, antes de encaminhá-la, o que foi visto até aqui, pois é das contribuições teóricas anteriores que parto para os encaminhamentos que serão agora desenvolvidos.

Os conceitos vistos até aqui se avizinham, complementam-se, qualificam-se uns aos outros. A paisagem, os fixos e fluxos, o próprio espaço – e ocasionalmente as regiões, compreendidas como uma possibilidade a mais de subdividir o espaço – correspondem a aspectos de um mesmo sistema. Por sobre este sistema, se o percebemos a partir da perspectiva das relações entre espaço e poder, temos os territórios.

O sistema – que pode ser um espaço urbano ou rural, ou outros modelos contrapostos ao citadino – é integrado, no sentido de que todos os seus elementos se relacionam e interferem uns nos outros. No *espaço* alternam-se e combinam-se os *fluxos* e *fixos*, que por outro lado, a cada lance de tempo, confluem para constituir as *paisagens*. A paisagem – se quisermos compreendê-la a partir de um conceito típico da Fotografia – corresponde a uma espécie de "instantâneo" do *espaço*: uma imagem captada deste, vista em certo momento, de certo ângulo, e de acordo com determinada *escala*. Não se tem paisagem, evidentemente, se não se tem um ponto de vista, e, portanto, um observador.

Ao lado disso, além de proporcionar um retrato dos fixos, a paisagem contém movimento, mesmo que latente, de modo que ela também retrata os fluxos. Por isso, também evoquei, para o entendimento da paisagem, a imagem da cena de cinema. Pode-se dizer que não se tem paisagem sem um observador, mas também podemos pensar as paisagens a partir da perspectiva do caminhante. Com isto, acrescentamos ao olhar estático a noção de movimento. Podemos caminhar pelas paisagens. Ou, então, é o nosso olhar que sobre elas caminha. Se as paisagens se movem, os olhares possíveis sobre ela também se movem. Há uma dialética envolvida entre a paisagem e o observador, entre a paisagem e o caminhante. Este deve participar da paisagem, ao mesmo tempo em que a observa.

Principalmente, observamos anteriormente que a paisagem contém tempo. Qualquer paisagem esconde (ou revela) uma simultaneidade de camadas de tempo, através de sua fascinante polifonia de objetos que remontam a épocas diferentes, sem contar o fato de que todas as paisagens pressupõem o tempo quando as imaginamos como uma sucessão na qual uma paisagem deriva para a outra, diacronicamente, produzindo transformações no espaço. Em duas palavras, tanto se pode dizer que as paisagens "contêm tempo", como se pode verificar que elas "mudam no tempo". Em vista de tudo isso – e particularmente em decorrência da evidência de que as paisagens são constituídas simultaneamente de inúmeros objetos (e de muitas camadas de tempo) – também propus comparar as paisagens a "acordes" – um conceito emprestado à Música[103].

Já esclareci em obras anteriores[104] o que são os "acordes", e porque este conceito pode ser utilizado em diversas esferas de saber e de práticas humanas, para além da própria Música. O acorde é um som que é formado pela interação de muitos sons (as notas musicais). Por isso, é a imagem perfeita para representar a simultaneidade (diversas coisas que acontecem ao mesmo tempo), cumprindo ainda notar que, a exemplo da música, diversos acordes podem se suceder no tempo formando uma determinada base harmônica (o substrato essencial de uma música). Os acordes, portanto, tanto podem representar uma sincronia como podem estar inseridos em uma diacronia formada por diversos acordes[105].

---

103 A transversalidade dos acordes, como veremos, autoriza esta perspectiva, uma vez que, tal como assinala Milton Santos, a paisagem também é transversal: "a paisagem é transtemporal, juntando objetos passados e presentes, uma construção transversal" (SANTOS, 2002, p. 103). "A natureza do Espaço" [original: 1995].

104 BARROS, 2011d, 2016.

105 Para além da Música, de onde o conceito originalmente partiu, os acordes aparecem também na arte de composição de perfumes (o acorde de cheiros), na enologia (os acordes de sabores proporcionados pelos diversos vinhos), na culinária (mais uma vez os acordes

Os diversos objetos incluídos em certo recorte do espaço congregam-se, em determinado momento, e a partir de certo ponto de vista, de modo a oferecer ao observador um acorde visual formado por muitas notas. As notas do acorde, conforme proponho, corresponderiam neste caso aos vários objetos do recorte espacial proposto – o que poderia incluir desde os mais variados tipos de *fixos* (prédios, parques, ruas, postes) como também aqueles *fluxos* mais específicos que são objetos materiais[106], além de toda uma série de objetos ambíguos que são de difícil classificação[107] e dos seres vivos que povoam o espaço considerado.

Fluxos não propriamente materiais, como a eletricidade e outras formas de energia que fluem de um lado para o outro, as mensagens que circulam na sociedade, ou os capitais que se transferem entre sujeitos e instituições diversas – ou ainda as ações humanas que se encadeiam no espaço e no tempo – podem não estar propriamente visíveis em uma paisagem, mas com muita frequência estão nela implícitos.

---

de sabores), em certos estilos de pintura como o Impressionismo e o Pontilhismo (os acordes cromáticos), e, como eu mesmo propus anteriormente, na análise do pensamento e das identidades autorais em diversas áreas de saber (os acordes teóricos). Cf. BARROS, 2011d, p. 9-55. A Física também descobriu mais recentemente os conceitos musicais, produzindo, entre outras, a Teoria das Cordas.

106 Tem-se como exemplo as mercadorias, que constituem o fluxo comercial, ou ainda as mensagens materializadas que povoam os diversos fluxos de informação, tais como as correspondências entregues pelos correios ou as imagens transmitidas pelos painéis e sinalizadores luminosos.

107 Mencionei anteriormente os automóveis e outros meios de transportes, que tanto podem se comportar como objetos específicos, como configurar fluxos, nos casos em que estão em movimento e se veem inseridos em conjuntos de objetos análogos que se comportam como correntes.

Ao olhar para uma determinada paisagem e identificar certos tipos de fixos condutores como as redes elétricas ou telefônicas, pressuponho que eles estão sendo atravessados por eletricidade e mensagens. Ao perceber na paisagem dois seres humanos em um banco, supostamente em posição de negociação, pressuponho a transferência de capitais. Se a paisagem me mostra um homem apontando uma arma para o outro, pressuponho um tipo de ação (p. ex., o assalto). Inúmeros cidadãos harmonizados por uma marcha fazem-me pressupor uma ação coletiva (será uma revolta, ou uma passeata?). O final do expediente de trabalho pode ser deduzido da combinação de um momento no tempo – a hora do *rush* – com a multidão desencontrada de indivíduos.

Todos estes tipos de *objetos*, modalidades de *fluxos* e vestígios de *ações* podem fazer parte do acorde visual proporcionado por uma paisagem – e já vimos que seria possível até mesmo agregar à paisagem percebida elementos relacionados a outros sentidos, como os sons, os cheiros e as sensações táteis, proporcionando ao observador/analista uma combinação da paisagem propriamente dita com a paisagem sonora e com a paisagem aromática, entre outras possibilidades. No limite, faz parte da paisagem o contato de nosso corpo – do corpo do observador ou do caminhante – com a natureza que ele observa ou sobre a qual ele caminha (sendo esta a "natureza natural" e sua combinação com a "natureza construída", bem entendido)[108].

O observador pode caminhar sobre o mesmo chão que faz parte da paisagem. Se assim caminha, não poderá evitar que seu olhar seja acompanhado de sensações térmicas! E, mesmo que observe uma paisagem a partir de uma foto ou de um filme, poderá ele observar iglus sem sentir um pouco de frio, e praias ensolaradas sem sentir algum calor? Quanto de uma paisagem observada não vem do próprio observador?

De muitas maneiras, o observador, ou aquele que escuta, também não faz parte do acorde? Quem já participou de um coral pode compreender perfeitamente esta sensação extraordinária que é a de emitir o som de um acorde

---

[108] Diz-nos Milton Santos, em *Metamorfoses do espaço habitado* (1988): "A paisagem é o conjunto de objetos que nosso corpo alcança e identifica. O jardim, a rua, o conjunto de casas que temos à nossa frente, como simples pedestres. Uma fração mais extensa do espaço, que a vista alcança do alto de um edifício. O que vemos de um avião que voa a mil metros de altura é uma paisagem, como a que apreendemos numa extensão ainda mais vasta, quando de uma altura maior. A paisagem é o nosso horizonte, estejamos onde estivermos / Ela é, também, o contato de nosso corpo com o corpo orgânico da natureza" (SANTOS, 2014b, p. 84).

enquanto se escuta todos os outros sons, emitidos pelos demais participantes do coral, e o seu próprio som junto a estes, terminando a compreender por dentro esta totalidade impressionante que é o acorde musical. Por ora, vamos ultrapassar os limites da Música e nos concentrar na definição do acorde como um conjunto integrado e simultâneo de elementos, os quais interferem uns sobre os outros, e que também ajudam a produzir o todo. O acorde é um conjunto de elementos, mas também inclui as relações entre os diversos elementos.

O conceito de acorde – e o entendimento de que uma Harmonia Espacial seria o conjunto de acordes que se dão em um mesmo tempo e através do tempo – traz diversas vantagens para uma teoria e metodologia com vistas à análise do espaço. A primeira vantagem é que a instrumentalização do conceito de acorde permite pensar na mudança. As paisagens mudam (assim como os acordes visuais proporcionados pelas paisagens mudam e se encaminham para outros). Isso pode ocorrer, por exemplo, em uma longa duração (um ritmo longo). É o que ocorre quando, tomando um longo recorte de tempo como referência, e examinando sucessivas paisagens no mesmo recorte de espaço, constatamos a desertificação (a transformação de uma região de vegetação exuberante em um deserto). Uma mudança análoga de paisagens – através da ação humana criminosa – pode ocorrer em algumas semanas ou meses, através do desmatamento.

Outrossim, a mudança de paisagens ocorre cotidianamente, com pequenas ou grandes variações. Sem contar que as diversas fases do dia (manhã, tarde ou noite) podem integrar-se como notas específicas aos acordes visuais, em horários distintos podemos ter mudanças radicais ou muito significativas em uma (mesma) paisagem urbana. Uma rua no centro de uma metrópole como o Rio de Janeiro mostra-nos um espaço de grande densidade humana entre as dez horas e as cinco ou seis horas da tarde, pois este é o horário predominante dos expedientes de trabalho, constituindo também o chamado horário comercial. No final da tarde, na chamada "hora do *rush*", a densidade humana aumenta exponencialmente, pois um grande número de pessoas está deixando o centro e se dirigindo aos bairros residenciais.

À noite, as ruas do centro metropolitano se esvaziam, de modo que, ao olhar para a mesma rua que durante o dia mostrava uma paisagem repleta de gente, veremos agora um espaço relativamente vazio. A certa altura, começa a mudar também a modalidade de frequentadores de uma mesma rua. Se de dia a rua era percorrida por trabalhadores, à noite poderá ser perpassada predominantemente pela população de rua; ou, se a rua apresenta como fixos alguns bares e casas noturnas, pode se dar que a paisagem nos mostre seres humanos em busca de algumas horas de lazer.

As mesmas ruas e avenidas – os fixos condutores essenciais de uma cidade – costumam oferecer essencialmente paisagens distintas conforme a hora do dia. O mesmo também ocorrerá em determinados dias da semana. A paisagem de uma rua certamente será distinta nos chamados "dias de semana" ou nos sábados e domingos, como também nos feriados.

Alguns acontecimentos específicos – como as passeatas ou eventos políticos – também podem potencializar mudanças incomuns em uma paisagem urbana (ou rural). Em todos estes casos temos exemplos de como as paisagens mudam, ou como parte das atividades humanas diárias, ou em decorrência de acontecimentos excepcionais. Estas são mudanças de curta duração. As paisagens mudam diariamente, conforme um ritmo específico que está relacionado às atividades produtivas e culturais de um lugar. Há também fixos de meio expediente, como por exemplo as barracas de camelôs e vendedores ambulantes em uma cidade. Estes estarão presentes nas ruas do centro de uma cidade, como o Rio de Janeiro, apenas durante as manhãs e tardes, e desaparecerão durante a noite.

As mudanças de "curta duração" que correspondem a ciclos (no dia seguinte, as ruas se encherão novamente de gente, assim como as barracas de vendedores ambulantes voltarão a ocupar o cenário de algumas ruas), e as mudanças de "longa duração" – aquelas nas quais os elementos mais fixos de uma paisagem vão mudando inexoravelmente com o tempo – correspondem a um dinamismo típico de qualquer sistema espacial.

As firmas progridem, ou podem falir, e por isso se expandirão através de novos prédios ou serão substituídas por outras. Um antigo cinema pode ser substituído por uma igreja evangélica, que introduzirá um altar onde havia uma tela. Um bar pode ser vendido para outro dono, que investirá em alterações na fachada. A especulação imobiliária, por seu turno, pode ocasionar mudanças periódicas nos fixos residenciais e prediais de uma cidade: prédios pequenos poderão ser vendidos a qualquer hora a grandes construtoras, que os derrubarão para construir edifícios de muitos e muitos andares. A prefeitura talvez promova modificações nas ruas da cidade, modificando o sentido do trânsito (e, portanto, alterando este fluxo, que também é um elemento na constituição de uma paisagem urbana).

O desgaste material pode demandar modificações ou reparos nos objetos urbanos, ou mesmo a sua exclusão do acorde, com a sua eliminação ou substituição por outro objeto (uma nota substitui outra no acorde). Há também os casos de desgaste tecnológico, os quais interferem na funcionalidade e na visualidade urbanas. As antigas cabines telefônicas foram substituídas por gerações de orelhões de diversos tipos. Recentemente, na era da telefonia celular, estes prosseguem, mas em bem menor número, o que é um bom exemplo de que o número de objetos urbanos de determinado tipo pode se modificar diante da dinâmica de desgaste e inovação tecnológica.

Todas estas modificações de que falamos – a longo, médio e curto prazos – são comuns nos acordes de objetos relativos a uma determinada realidade urbana. Notas entram e saem dos acordes, como na Música. É isto o que expressa a vida, tanto nas cidades como na Música. Alguns objetos desaparecem do acorde e são a certo momento substituídos por outros, em vista de demandas do presente. Outros objetos permanecem – e é por isso, conforme vimos em momento anterior, que o espaço contém tempo, conservando a cada momento objetos de épocas diversas além dos objetos do presente e de períodos recentes.

Um objeto pode permanecer no espaço rural ou urbano, conservando seu lugar no acorde visual proporcionado pela paisagem, por dois motivos: ou porque sua função permaneceu a mesma, ou, de modo diametralmente oposto, porque sua função se modificou. O prédio que sedia um hospital pode seguir nesta função indefinidamente, ou pode a certo momento passar a sediar uma escola. Certa feita, visitei em uma cidade da região das missões, no Rio Grande do Sul, uma casa que tinha sido uma das residências do vice-rei, e que há muito já se tinha transformado em moradia para famílias de poucos recursos econômicos.

Essa mudança de função em um objeto espacial condiz bem com a representação acórdica. Na Música, as mesmas notas podem apresentar funções diferentes em acordes distintos. A nota Mi é a terça de um acorde de tônica em Dó Maior, mas é a nota fundamental de um acorde de tônica em Mi menor, assim como é a sétima de um acorde de subdominante em Dó Maior. Para quem não tenha um conhecimento básico em teoria musical, esses exemplos podem parecer difíceis de entender. Mas posso resumi-los dizendo que a mesma nota – o Dó, o Mi, ou qualquer outra – pode desempenhar funções inteiramente diferentes em um acorde ou em outro: em um caso promovendo estabilidade, em outro caso produzindo tensão, e em outro caso produzindo uma sensação de alegria ou melancolia, como se dá com os acordes de Mi Maior ou Mi menor. Os exemplos não são tão importantes. Basta a compreensão de que, em uma certa sucessão de acordes, a mesma nota pode aparecer em dois acordes diferentes com funções e cores sonoras bem distintas.

A metáfora do acorde-paisagem, portanto, é particularmente útil para explicitar e representar não apenas o movimento (surgimento de novas notas e oclusão ou desaparecimento de outras), mas também a conservação de uma mesma nota com funções diferentes. Os objetos urbanos (mas também os rurais) perpetuam-se, em muitos casos, porque os seres humanos encontram novas funções para eles. A música (a totalidade em movimento) pode mudar – e de fato ela muda, constantemente –, mas algumas notas podem permanecer, modificadas ou não, com a mesma função ou aptas a desempenharem papéis novos na espacialidade urbana ou rural.

17 Poliacordes geográficos

Uma das riquezas da imagem conceitual do "acorde-paisagem", para tocar em outro aspecto interessante, é exatamente a capacidade do acorde – ou da Harmonia – de administrar notas não só de funções, mas de durações distintas. Pensemos aqui no que chamamos, em Música, de "poliacordes". O poliacorde é uma montagem de vários acordes superpostos. Na Música, isso pode ocorrer em um contexto mais familiar de tonalidade expandida, no *Jazz* mais moderno, ou então na chamada "musica politonal" – uma experiência típica da música erudita moderna. Os acordes dos perfumistas também são poliacordes: um perfume clássico é frequentemente constituído pela superposição de três acordes de quatro notas.

Uma pequena digressão será particularmente importante. Os mestres-perfumistas incorporaram diretamente a linguagem da Música em sua arte. Além de falarem em "notas" e "acordes" – ou em uma Harmonia, que é a arte de combinar notas de diferentes qualidades para formar acordes – os perfumistas costumavam chamar as suas mesas de oficina, que eram grandes móveis com diversos andares nos quais podiam ser localizados frascos com as matérias-primas, de "órgãos" (em alusão ao instrumento musical que é constituído por vários andares de teclados).

O poliacorde clássico dos perfumistas é feito da superposição de três acordes de quatro notas (o acorde de base, o acorde de coração, e o acorde de cabeça). É interessante notar que estes três acordes que formam o poliacorde maior também podem ser associados a tempos distintos: as notas do acorde de cabeça (ou "notas de topo"), responsáveis pela primeira impressão do perfume, volatilizam-se mais rápido. As "notas de coração" evaporam mais lentamente. Por fim, as "notas de base" (ou de fundo) são as últimas a desaparecerem, pois se fixam intensamente. Elas seriam correspondentes, na Música, ao "baixo" do acorde – sua nota mais grave, sobre a qual se ergue a arquitetura sonora[109]. O que importa observar, por enquanto, é que o perfume, além de ser um poliacorde em três andares de várias notas, é também um acorde de tempos diferenciados.

Retornemos agora aos nossos acordes-paisagens. Vamos imaginar a paisagem formada por uma rua do centro da cidade do Rio de Janeiro. Por exemplo: a Rua do Ouvidor, celebrizada pelos romances de Machado de Assis (1839-1908).

Essa rua, de lado a lado de suas margens de calçadas, possui edifícios que já estão ali há tempos. Alguns, embora restaurados, surgiram há mais de século; outros, são mais recentes. De todo modo, os prédios de uma rua constituem um acorde de notas duradouras na sua paisagem. Nem mesmo a especulação imobiliária pode substituí-los muito rapidamente. Quando há tombamento do edifício que é declarado patrimônio público, então, a permanência é mesmo protegida por lei, e promete se estender contra a especulação imobiliária, ou mesmo contra as mudanças de formas e funções demandadas pelos sucessivos modelos econômicos e tecnológicos. Alguns dos majestosos edifícios históricos e das construções arquitetônicas da velha cidade de São Petersburgo – uma cidade que já mudou de nome algumas vezes ao sabor dos diversos regimes – atravessaram perenemente as rússias do czarismo, do bolchevismo, do stalinismo, da glasnost, e do neoliberalismo.

Na Rua do Ouvidor podemos encontrar antigos sobrados convivendo com construções bem mais recentes. Essa diversificada arquitetura de fundo, e a estreiteza de seu passeio público, constituem o acorde de base na paisagem

---

109 Em uma Música homofônica tradicional (melodia com acompanhamento harmônico) muito frequentemente os baixos se demoram mais. Enquanto isso, as notas do plano mais agudo (equivalentes às "notas de topo" da arte-perfumista) constituem a melodia, passando mais rapidamente de uma nota a outra, Essa modalidade é a chamada "música homofônica", e pode ser contrastada com outra modalidade igualmente importante – a da "música polifônica" – na qual várias melodias se desenvolvem simultaneamente em um entremeado sonoro que tanto produz verticalmente acordes como feixes paralelos de melodias.

desta famosa rua do Rio de Janeiro. Entrementes, como dizíamos atrás, existem em uma paisagem urbana muitas notas mais breves, de meio expediente. As barracas de camelôs abrem-se às dez horas da manhã, e ao final da tarde já estão se recolhendo. São notas de duração mais curta, por assim dizer. Cíclicas, porém, elas retornam no dia seguinte.

O mesmo se dá com as aberturas para o interior das lojas e repartições, disponibilizadas ao público durante todo o dia. Também elas se fecham ao fim do expediente, substituindo suas chamativas vidraças pelas sóbrias persianas de ferro, e retirando da paisagem todo o seu colorido e movimento diário. O dia seguinte as trará de volta. Ao final da tarde, e adentrando a noite, a paisagem é invadida pelas mesas e cadeiras desmontáveis que se oferecem como extensões para os bares da rua e que recebem os trabalhadores em sua busca de alguma diversão e relaxamento ao final do expediente. Todas estas notas que retornam ciclicamente a cada expediente constituem como que acordes de duração média que se alternam sobre o acorde mais permanente dos edifícios e do passeio público.

Há, todavia, os passantes. Uma multidão diferente a cada dia percorre a rua, conformando um fluxo contínuo de pedestres, mas com uma radical variação de pessoas e com sensíveis mudanças na intensidade do fluxo de acordo com o horário e conforme seja este ou aquele dia da semana. Alguns passam apenas ocasionalmente pela rua. Outros fazem dela um caminho rotineiro, a certa hora aproximada do dia.

Os passantes constituem sempre um acorde fluido formado por notas de curta duração: são as "notas de cabeça" que rapidamente se volatilizam. Atravessam fugazmente uma paisagem e não mais retornam. Os prédios, contudo, perduram, como notas de fundo que se fixaram intensamente na pele urbana, ou como graves baixos a ressoar sob a melodia infinita da paisagem. Alguns destes prédios viverão muito, e talvez estejam ali daqui a um século, carregando um pouco da nossa época para as paisagens futuras. Outros prédios vão durar menos; serão um dia substituídos por novas notas. Isso é um acorde: uma superposição complexa de notas de durações distintas, umas mais permanentes do que outras, e algumas delas bastante fugidias. No caso, temos mesmo um poliacorde – à maneira dos músicos modernos e dos mestres-perfumistas; um acorde formado por três acordes com tendências a diferentes durações: o acorde-base dos edifícios, o acorde-coração do comércio ou da boemia de meio expediente, e o acorde-de-topo formado pelas inúmeras pessoas que vão e vêm para passear, comprar, vender, trabalhar, fiscalizar, infringir leis, beber, ou somente passar a caminho do seu destino.

Nos meios rurais, ou ainda no ambiente de certas cidades, as cores próprias de cada estação do ano podem se incorporar ao acorde. Mais uma vez temos aqui notas cíclicas. Em determinadas porções do espaço planetário, o acorde-paisagem regido pela primavera é bem contrastante em relação ao acorde-paisagem típico do inverno. A neve ou a geada mudam radicalmente o acorde-de-topo da paisagem em algumas regiões, assim como ocorre com o afloramento específico da primavera. Em certos lugares, contudo, quase não sentimos as mudanças visuais entre uma e outra estação. No Rio de Janeiro, por exemplo, temos o eterno verão do ano inteiro, e talvez uns três ou quatro dias de verdadeiro inverno.

Vamos estender nossa leitura para um nível superior de escala, e abraçar o acorde-paisagem de toda uma região – que pode ser uma cidade inteira ou ainda uma área rural. Já discutimos o fato, observado por tantos geógrafos desde Vidal de La Blache, de que mesmo a base mais sólida e perene de uma paisagem apresenta um certo tempo acumulado, com construções e objetos naturais de origens temporais distintas. Para um primeiro efeito de observação, todavia, todas estas notas de tempos distintos, mas que já perduram na paisagem o suficiente para serem consideradas permanentes pelo observador humano, podem ser consideradas uma base única. Sobre este acorde-base é que se erguem, de resto, os demais acordes, menos duráveis e mais ágeis no encaminhamento de suas alterações de forma e função. Já retornarei ao tema.

Nesse momento, entretanto, encaminho-me para discutir outro aspecto. É importante termos em consideração que a percepção do acorde-paisagem dá-se sempre a partir de um observador (de um ponto de vista, ou de escuta). Dizíamos atrás que não há paisagem sem aquele que a observa, ou que sobre ela caminha. A paisagem não existe como um dado, embora por vezes tenha sido assim tratada na história da geografia e na história de historiografia que tem lidado com o espaço como categoria fundamental. A divisão entre objetos naturais e objetos artificiais (aqueles produzidos a partir do artifício humano) também não deixa de ser carregada de subjetividades, ou se torna subjetiva com a passagem do próprio tempo.

O acorde-paisagem mascara-se, a cada dia e a cada hora, diante de nossos olhos e ouvidos. A paisagem oculta-se de uma nova maneira, para cada nova geração, uma vez que esta já surge portadora de novos olhares, e desprendida dos olhares antigos. Em vista disso, para realizar adequadamente o seu trabalho de análise da espacialidade, o geógrafo-historiador precisa harmonizar dentro de si os diversos olhares disponíveis. Deve ser hábil em decifrar um certo acorde de subjetividades.

É preciso recuperar, para se ter uma perspectiva mais plena, mais completa, o próprio acorde de diferentes leituras possíveis da paisagem. Só então podemos chegar a um instrumento analítico mais útil, a um olhar pensante, ao lado de um ouvido pensante. Milton Santos (1984) já observava, em uma passagem de suas formulações conceituais sobre o espaço, que aquilo que constitui um dado artificial para uma geração, o produto de um artifício – e que pôde ser visto como tal de dentro de uma história – pode passar a ser visto como um dado mais ou menos natural para as gerações seguintes:

> Muitas vezes o que imaginamos natural não o é, enquanto o artificial se torna "natural" quando se incorpora à natureza. Nesta, as coisas criadas diante dos nossos olhos – que para cada um de nós são o novo – já aparecem para as novas gerações como um fato banal. O que vimos ser construído é, para as gerações seguintes, o que existe diante deles como natureza. Descobrir se um objeto é natural ou artificial exige a compreensão de sua gênese, isto é, de sua história[110].

Se não a deciframos, a paisagem nos devora. Absorve-nos dentro de si. O que, aliás, ocorrerá de uma maneira ou de outra, pois afinal de contas também somos parte dela. "Trouxeste a chave"? A pergunta ressoa, mais uma vez, do fundo de cada acorde-paisagem.

A compreensão de que a paisagem – ou as paisagens – apresenta-se necessariamente diante de um observador pode tangenciar outra riqueza da sua assimilação ao conceito de "acorde". Tal como eu dizia, uma paisagem é transversal – reunindo diversos objetos. O espaço, contudo, é uma "construção horizontal"[111]. Se pensarmos em um observador que se desloca no espaço – um caminhante, ou um motorista em seu automóvel – poderemos entender que o espaço é como que uma construção horizontal que vai incorporando uma sucessão de construções transversais (os "acordes-paisagens") à medida que o observador o percorre.

---

110 SANTOS, 2014b, p. 83. "Metamorfoses do espaço habitado" [original 1984].

111 Depois de observar que "a paisagem é uma construção transversal e transtemporal", diz-nos Milton Santos, em certo trecho de *A natureza do espaço* (1995): "O Espaço é sempre um presente, uma construção horizontal, uma situação única" (SANTOS, 2002, p. 103).

Diante do olhar do caminhante, uma sucessão de acordes de sucedem, cada qual revelando muitas notas superpostas. Cada paisagem surpreendida é um acorde; mas o espaço, em cuja extensão os acordes se sucedem, é a Música. A observação do espaço através do movimento produz a música formada pelos diversos acordes que se apresentam, configurando uma fascinante harmonia espacial.

Analisar o espaço é escutar essa música, compreendê-la em toda a sua extensão horizontal e, verticalmente, na sua profundidade acórdica. A música das cidades é mais agitada, muda mais rapidamente à medida que caminhamos. Certas paisagens rurais, de sua parte, ocupam uma parcela bem maior de espaço sem mudanças muito significativas. Trata-se de um outro tipo de Música. Um veículo em uma estrada pode percorrer muitos quilômetros de chão rodado antes de perceber uma mudança significativa no acorde-paisagem que se oferece à sua observação.

Vemos, assim, que além de possuírem durações distintas (diferentes extensões e mudanças de padrão no tempo), os acordes-paisagens também correspondem a distintas extensões no espaço. Alguns mudam passo a passo, como nas ruas de uma cidade; outros perduram por longas extensões de terra, como uma floresta densa ou em um grande campo de cultivo. Os acordes-paisagem, enfim, devem ser lidos no tempo e no espaço.

Quero ressaltar, neste momento, outro benefício da utilização da imagem conceitual do acorde para a apreensão da paisagem. Temos, na Música e na Harmonia, o conceito de dissonância. Duas notas estabelecem uma relação de dissonância quando a sua emissão simultânea, ou a sua integração em um mesmo acorde, produz certas tensões. As tensões podem ser utilizadas pelos músicos como elementos estéticos. A Harmonia, na Música, cria seu movimento a partir da sucessão de acordes tensos e relaxados. Um certo tipo de Música – a música ocidental tonal – necessita das dissonâncias de maneira análoga a um filme de suspense que necessita dos momentos tensos.

Há dissonâncias, também, nos acordes-paisagens. Ocorre-me a lembrança do Nordeste colonial. O solo especialmente rico do Nordeste açucareiro do período escravista era, antes de tudo, propício à policultura, tal a sua riqueza em minerais e os generosos benefícios de um clima solidário que o banhava com chuvas regularmente, mas sem os perigosos exageros da Floresta Amazônica. Tinha-se a exuberante Zona da Mata. Esta era tão rica e promissora, que fora olhando para ela que o escrivão de frota Pero Vaz de

Caminha havia pronunciado em 1500 a sua famosa frase: "Nesta terra, em se plantando, tudo dá".

No entanto, devido a posteriores demandas econômicas, impôs-se a monocultura do açúcar. A monotonia da cultura única do açúcar tensionava-se, certamente, contra a rica potencialidade do solo nordestino para a variedade de cultivos. Isso é uma dissonância. Os senhores de engenho conheciam perfeitamente a potencialidade do solo nordestino. Guardavam-na para seu uso próprio, nos seus limites residenciais, e proibiam a policultura na grande extensão restante dos seus domínios.

O uso da metáfora dos acordes-paisagens – com o concomitante vocabulário musical das dissonâncias e consonâncias – permite-nos falar mais eloquentemente de contradições como esta. Vemos também muitas contradições em acordes-paisagens de cidades como o Rio de Janeiro. Por vezes, em um mesmo campo visual, prédios riquíssimos contrastam com as favelas que crescem desordenadamente nas espáduas dos morros. De dentro da paisagem, as contradições se avivam mais uma vez. Do alto de um casebre rústico, no Vidigal – malservido pela infraestrutura de energia e de serviços de coleta de lixo – vê-se a piscina do rico. Tem-se, principalmente, a melhor vista postal da orla do Rio de Janeiro. Dissonâncias afloram por dentro das próprias dissonâncias...

Não é senão através de uma música repleta de dissonâncias que se encadeiam, por vezes, algumas das mais decisivas mudanças no acorde-base de uma região. Eis que então, sob o peso de uma nova estrutura de produção, ou na enxurrada de uma nova onda de especulação, pode ruir ou se revolver de modo mais ou menos rápido um acorde de longa duração que já perdurava há muito em uma certa paisagem. E não são raros os casos em que uma estrutura econômica nova se instala *contra* a Natureza. Foi o que ocorreu, do século XVI ao XIX, no litoral do Nordeste brasileiro, com a implantação da monocultura do açúcar. Jamais poderia imaginar Pero Vaz de Caminha o destino daquele acorde-paisagem que, desde épocas imemoriais, era perpassado pela exuberância da Mata Atlântica. Não tardaria muito para que aquele acorde "que tudo dava", e que se impunha aos olhos através de muitas tonalidades de verde e de todas as outras cores, começasse a ser substituído pela monodia imposta pela Cana – a princípio demandando queimadas para a abertura de clareiras com vistas ao cultivo; depois, com os clarões se espraiando cada vez mais até a quase-extinção de toda uma estrutura harmônica que um dia fora a da floresta litorânea. Como um câncer, ou como uma doença de pele que encontra poucas resistências, a Cana se alastrava.

Ao final de um processo de apenas dois pares de séculos – extensão de tempo algo modesta em comparação com os milênios precedentes – a Cana já tinha devorado silenciosamente toda a Música anterior. Uma melodia rica e perpassada pelas mais variadas sonoridades naturais havia sido substituída pelo seu implacável e monódico canto gregoriano. Se um novo Pero Vaz de Caminha acaso pudesse contemplar a paisagem que agora se oferecia aos olhos viajantes, teria talvez de se referir àquele monótono verde de um mesmo tipo que a tudo recobria, estendendo-se horizonte adentro, para oferecer um único produto: o açúcar de exportação.

A história desta transição acórdica é também a da asfixia de uma diversificada policultura antes estabelecida sobre este solo de grande riqueza mineral, que era o do litoral nordestino, de modo a permitir a instalação do Engenho monocultor. Assim se substituiu o acorde-base da paisagem litorânea de quase todo o litoral nordestino. Uma nova melodia se anunciava, com sonoridades trágicas:

> A destruição da floresta alcançou tal intensidade e se processou em tal extensão que, nesta região chamada de mata do Nordeste, por seu revestimento de árvores quase compacto, restam hoje apenas pequenos retalhos esfarrapados deste primitivo manto original[112].

A repercussão desse processo na harmonia alimentar também foi brutal. A seu tempo, com a implantação e perpetuação do domínio monocultor – a princípio escravocrata, mas depois republicano com o adentrar do século XX – o que aconteceu foi o solapamento de um diversificado acorde alimentar e sua substituição pela tríade da fome: as carências combinadas de vitaminas, proteínas e minerais[113].

Vem dos primórdios deste processo uma estranha ideologia antinutricional contrária à alimentação diversificada e bem balanceada. Seu principal adágio popular – talvez posto a correr por algum senhor de escravos – decidiu, de uma vez por todas, que "manga com leite mata".

---

[112] CASTRO, 1992, p. 122 [original: 1946].
[113] "No Nordeste o fenômeno é chocante, porque não se pode explicá-lo à base de razões naturais. As condições tanto do solo quanto do clima regionais sempre foram as mais propícias ao cultivo certo e rendoso de uma infinidade de produtos alimentares" (CASTRO, 1992, p. 114).

Desautorizadas pelo apetite econômico da Cana-de-Açúcar, são afugentadas para longe do mundo dos engenhos as plantações de manga, laranja, fruta-pão – bem como tudo o mais que fazia parte de um diversificado acorde alimentar proporcionado pela prática da policultura. A exceção, claro, era constituída pelos "pequenos pomares em torno da casa dos grandes engenhos, para regalo exclusivo da família branca do senhor"[114]. Somente as bocas senhoriais poderiam ter acesso, doravante, a um acorde alimentar completo. Fora, supria-se alguma coisa com a mandioca herdada dos índios e com o que mais desse pelos baldios, pelos cantos mais inacessíveis que a plantação da Cana não quisera devorar.

Essa era a nova paisagem geral. Se um dia o Chanceler Thomas Morus dissera da Inglaterra de sua época que era uma ilha onde os carneiros devoravam os homens, do Nordeste do Açúcar bem se poderia dizer que era uma terra insólita na qual a Cana devorava os homens. Devorava de duas maneiras: consumindo dos trabalhadores cada gota de suor que era empregada para plantar, colher e moer a Cana; e invadindo todas as terras antes dedicadas à policultura. A Cana introduzia no regime alimentar do homem comum o acorde oco da subnutrição. Injetava nele a Fome que o comeria lentamente por dentro, ao mesmo tempo em que, por fora, devorava rapidamente todos os espaços. Sim! Aqui a Cana devorava os homens. Em outras paragens, teria a sua vez o Café. No Amazonas, em breve os homens seriam comidos pela Borracha.

Quem resistiu como pôde à morte devoradora foram os índios que se refugiaram nas florestas sobrantes[115]. Quem chegou a vencê-la, por algum tempo, foram os não mais escravos que fundaram quilombos policultores. Quem negociou com a morte, como quem barganha com o diabo, foram os negros ainda escravizados. Desobedecendo às orientações dos senhores, mantinham secretos roçadinhos de batata-doce, feijão, milho, "sujando aqui, acolá, o verde monótono dos canaviais com manchas diferentes de outras culturas"[116]. Estas pequenas manchas no acorde-paisagem do Nordeste açucareiro são a música da resistência, as dissonâncias que insistem em aflorar onde menos se espera e que terminam por compor um acorde mais humano.

---

114 Ibid., p. 129.
115 "Fazendo da floresta o seu reduto e defendendo-a com arcos e flechas, o índio moderou a expansão da monocultura e suas funestas consequências" (Ibid., p. 132).
116 Ibid., p. 133.

Será útil aproveitar o exemplo histórico até aqui evocado para ressaltar, adicionalmente, que a interferência predatória de um sistema econômico em um acorde natural – ou em uma cultura tradicional – pode provocar efeitos desastrosos, por vezes verdadeiras calamidades ecológicas.

Como uma reação em cadeia, a destruição da Zona da Mata do Nordeste também reverteu em empobrecimento do solo – neste passando a se estender um sinistro tapete de boas-vindas para a Erosão. A Natureza, em seus diversos naipes, começa a desafinar na orquestra malconduzida pelo Homem. Tudo se desarranja. Os rios, de dóceis, tornam-se devastadores nas cheias[117]. Os animais, desorientados, migram para longe e abandonam aquele acorde natural, deixando lacunas na cadeia alimentar e deserdando de suas posições solidárias na reciprocidade simbiótica. E isso se dá aos poucos, ao longo de um infindável *rallentando*, até que da Natureza, polifônica por vocação, só reste o baixo-ostinato da monocultura de cana, como uma doença que se alastra pelo organismo até tomá-lo por inteiro, somente para atender às ambições de domínio e de enriquecimento de umas poucas células senhoriais em sua mórbida relação com o parasitismo metropolitano[118].

A Música, de sua parte, resiste como pode. Da parte dos homens, através de um cada vez mais vigoroso mercado interno, entre as diversas regiões do país, o qual se desenvolve em contraste com os interesses metropolitanos. Ou, então, resiste-se através de granjas policultoras clandestinas, ou de recantos que sobrevivem nos interstícios de um sistema que exclui os homens livres e pobres. Da parte da Natureza, a resistência vem através de pequenas ilhas do que um dia as matas foram, ou do que poderiam ter sido – resistências que até hoje encontraremos como manchas no literal nordestino.

Contra estas resistências, e apesar delas, o acorde-paisagem em questão terminou por se degradar mais ou menos lentamente. O problema, é claro, não é o Açúcar, ou o Café, e nem mesmo o Café com Açúcar, ou o Café com

---

117 "Logo que [os rios] sentiram suas margens desprotegidas de árvores, pelo desflorestamento abusivo, e despidos de vegetação os seus vales, transformaram-se, da noite para o dia, em rios devastadores, rios ladrões de terra, arrancando o solo úmido das planícies e levando, com as águas das enxurradas, os elementos minerais dissolvidos, transformando-se, enfim, em um bárbaro fator de empobrecimento do solo" (Ibid., 1992, p. 124).

118 Autores diversos compararam a monocultura a uma doença da economia agrária (gangrena ou câncer), e outros, como Edward Hyams (1952), compararam o homem a um agente que pode provocar uma irreparável doença do solo. Sobre isso, cf. CASTRO, 1992, p. 126-127.

Leite. O problema é a ditadura de uma só cor sobre todas as outras. O problema, enfim, é a morte do acorde.

Já nem mencionarei os casos de destruição brusca de acordes-paisagens – alguns dos quais passaram, de um dia para o outro, à história da destruição do ecossistema pela civilização. Até hoje ressoa, silencioso, um cogumelo atômico – como um tenebroso espectro que não quer passar – sobre o acorde-paisagem de Hiroshima. Ainda hoje, os vazamentos de usinas nucleares repercutem, como misteriosas e surdas batidas de tímpanos, talvez a anunciar os caminhos que ameaçam conduzir ao fim do mundo. Enquanto escrevo estas linhas, ouço falar que a Coreia do Norte acaba de testar mais uma Bomba H.

Avançaremos mais, a seguir, na exploração das metáforas sonoras, para evocar outra noção, tão familiar, que quase já nos esquecemos que também ela veio da Música. Outro conceito que pode acompanhar o de acorde, de fato, é o de Ritmo. Uma música é constituída por acordes apresentados em uma dinâmica que envolve ritmos diferentes.

O conceito de ritmo é por certo mais imediatamente assimilável. É quase evidente. Há momentos do dia em que as ruas de uma cidade apresentam um ritmo mais adensado, em função do número de pessoas que estão nas ruas. O ritmo também pode ser associado ao movimento. Um fluxo de trânsito pode escorrer com um bom ritmo, ou o ritmo pode estancar, como ocorre nos grandes engarrafamentos, no trânsito congestionado, ou simplesmente nas horas de maior densidade de transportes presentes nas redes viárias. O ritmo também pode demarcar a velocidade de mudança das paisagens. Em tempos de especulação na construção imobiliária, a substituição de prédios, ou o surgimento de novos prédios – modificando radicalmente a paisagem – pode proporcionar um ritmo muito rápido na transfiguração das paisagens mais habituais de uma cidade.

Nossa exposição de conceitos geográficos fundamentais, realizada nos capítulos anteriores, tinha na noção de "território" um ponto de destaque. O território, como vimos, é o que permite relacionar mais diretamente "espaço" e "poder". Também falamos na possibilidade das territorialidades superpostas. Dificilmente temos apenas um único poder recobrindo um determinado recorte de espaço. Mesmo nos regimes totalitários – nos quais o poder ancorado no Estado parece se estender sobre todas as coisas como um grande e absurdo polvo que estende seus inúmeros tentáculos sobre cada um dos aspectos da vida social – o espaço parece abrigar outras formas de poderes, e até os contrapoderes que resistem ao poder totalitário.

Nas situações habituais, as sociedades nos oferecem um acorde de poderes, e o espaço ressoa como um acorde de territorialidades superpostas. A entrada de mais um poder em uma certa região ou ponto do espaço pode ser compreendida como uma nova nota que adentra a composição espacial. Outras notas podem desaparecer; ou pode se dar que uma nota, definidora de um poder que se encontra no espaço e que contribui para a sua configuração de territorialidades, apenas recue para uma intensidade mais discreta. Na música, a intensidade é a instância que define o volume ou a força de um som musical (forte, meio-forte, meio-piano, piano). Combinando o conceito de "acorde" com o de "intensidade" temos a imagem do acorde que pode ser formado por notas com diferentes intensidades, por diferentes níveis ou potenciais de projeção no espaço sonoro.

Os acordes de territorialidades completam o nosso sistema conceitual. O poder, ou os poderes, como sabemos, tendem a ocupar o espaço. Dificilmente encontraremos um único recanto sobre a Terra que não seja tocado por nenhuma forma de poder. Entrementes, o que ocorre geralmente é que há mesmo um acorde de poderes. Tua pequena habitação é teu território. Se és casado, terá de dividi-lo. Tua habitação, contudo, está encaixada em uma série de territorialidades políticas, que são a unidade federativa, o Estado-nação. De uma maneira ou de outra, os poderes mundiais também ressoam sobre ti. Há poderes paralelos. Há poderes sutis. Quase não o percebemos. Mas eles ressoam, de algum lugar de dentro do acorde.

Quero reunir minhas considerações finais sobre a metáfora dos poliacordes geográficos destacando que seu uso abre-se a análises diversas. Ademais, diante de uma mesma paisagem ou situação geográfica (a análise de um contexto espacial econômico, áreas culturais, ou o que mais for), cada pesquisador pode construir o seu próprio acorde, conforme o que esteja apto a enxergar da espacialidade que se estende diante de si, ou conforme o que se proponha a escutar da grande música que a totalidade examinada lhe oferece.

Podemos superpor (ou integrar) em um poliacorde quantos acordes desejarmos, cada um destes acordes internos contendo, de sua parte, diversas notas. Vou trazer apenas um último exemplo: um poliacorde formado por três acordes internos. Suponhamos que o acorde-base, o acorde mais grave, seja constituído pelas notas relativas aos limites espaciais e ao meio físico.

Como o baixo de uma música, mostram-se pautadas por um ritmo de longa duração as notas do meio físico (refiro-me mais à estrutura geológica, ao padrão climático da região, aos limites das massas de terra e de água, e também a certas notas do bioma). Essas notas mudam lentamente, a não ser quando ocorrem mudanças bruscas produzidas pelo homem (o arrasamento de um morro e o aterro de uma faixa do mar) ou então impostas por catástrofes naturais.

É geralmente sobre este duplo acorde de espaço-meio que os homens erguem um novo nível acórdico, formado pelos seus fixos (os prédios e ruas de uma cidade) ou pelas interferências de toda ordem nos fixos naturais (túneis que perfuram os morros, ou uma nova ordenação que recobre o solo através de um campo de cultivo). As notas deste acorde intermediário – ou deste acorde de coração, se usarmos a terminologia dos perfumistas – alteram-se de modo mais visível na média duração, se pensarmos em uma perspectiva braudeliana[119]. Durante décadas um certo solo é recoberto por um mesmo tipo de cultivo (embora isso também possa se estender por séculos, como foi o caso da monocultura brasileira da Cana no nordeste colonial e imperial, e mesmo além). É também em uma média duração (bem-entendido, em comparação às mudanças lentas da espacialidade e de certas características do meio físico) que os prédios costumam mudar significativamente, cada um com a sua própria história particular. Ao sabor da especulação imobiliária, é claro, mudanças menos ou mais rápidas podem se processar.

De todo modo, os fixos humanos costumam mudar mais rapidamente do que as notas de longa duração do meio físico. Há exceções, como nos atestam as pirâmides e a Esfinge, ou a grande muralha da China. Mas a regra na cidade é a mudança moderada, de tempos em tempos, dos fixos que são artefatos humanos. Salvador, erguida sobre uma escarpa, será sempre uma cidade em dois andares, e os recortes de suas praias impõem-lhe hoje quase os mesmos limites espaciais diante do mar que lhe deram por ocasião de sua fundação. Entre os dois andares, a certa altura (em 1873) foi construído um fixo condutor – o Elevador Lacerda – para erguer as pessoas da Cidade Baixa à Cidade Alta. Sua tecnologia mudou muito neste século e meio de existência. Quanto aos dois andares, ou melhor, quanto à escarpa, lá esteve, muito antes da fundação da cidade de Salvador, em 1549, por Tomé de Souza.

---

[119] Discutimos a proposta do historiador Fernand Braudel (1902-1985) de uma dialética de durações na segunda parte deste livro, no item relativo à Geo-história.

Os fixos, nesta perspectiva, constituem o acorde de coração. Mas temos por fim os fluxos, ou o acorde dos fluxos, a encimar o poliacorde de uma paisagem rural ou urbana. Nas cidades, mais agitadas, quase somos tentados a compará-los à constante formação das espumas das ondas da famosa metáfora braudeliana[120]. Os fluxos, de qualquer maneira, correspondem a uma intrincada polifonia de melodias que se projetam acima do acorde (mas há fluxos de ritmos diversos, conforme já vimos). Os fluxos, o movimento da vida, estão no acorde de cabeça, ou nas notas de topo. Com os acordes de base e os acordes internos temos já uma estrutura, mas ainda não temos a vida. Mas os fluxos, sim, são os movimentos: compõem a marca que distingue a cidade viva de uma cidade morta. Juntam-se inexoravelmente aos inúmeros seres humanos vivos, de um determinado período, que os encaminham e mantêm em movimento. Já não falaremos aqui do Homem, genericamente (o qual também deita suas marcas em cada um dos fixos por ele criados), mas nos referiremos agora aos homens e mulheres específicos, individualmente, com suas vidas diárias que se realizam no tempo.

O quadro se completa. Se pudermos, agora, evocar uma penúltima imagem relacionada ao ordenamento do nosso poliacorde, será possível reorganizar verticalmente os três fatores iniciais dos quais partíramos no mapa conceitual com o qual abrimos este grande capítulo (retomar quadro 1). Cada um destes fatores – o Espaço, o Meio, o Homem – representa um nível acórdico. Isso, obviamente, é somente uma mera simplificação. De todo modo, eis um acorde:

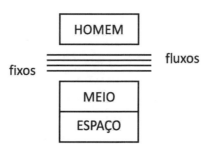

---

120 Braudel metaforiza a sua arquitetura de durações com a imagem multipartida do quase imóvel leito do mar, mas que na verdade muda muito lentamente, das correntes marítimas – lentas e consistentes – das vagas de ondas, mais rápidas, e finalmente, agitando-se sobre elas, "a espuma dos acontecimentos".

O fato de que a verticalidade do acorde é mais do que tudo um recurso para traduzir visualmente a interpenetração das suas notas requer uma rápida digressão. Em textos anteriores[121], já explicitei que – apesar da representação de um acorde na pauta musical implicar verticalidade, e embora isto dê a ideia de uma (apenas aparente) hierarquia de alturas – na verdade as notas de um acorde, no fenômeno musical real, entram umas por dentro das outras. As notas de um acorde formam um fascinante imbricado sonoro, em que cada nota pode ser escutada individualmente, mas no qual todas também podem ser escutadas juntas, e em suas várias relações internas. Não encontro melhor forma para esclarecer isto senão dizendo que as notas de um acorde irrompem uma por dentro da outra, envolvendo e deixando-se conter por cada uma das outras ao mesmo tempo, como ocorre com os dois componentes do símbolo chinês Yin Yang.

Esta interpenetrabilidade das notas de um acorde aplica-se especialmente aos poliacordes geográficos. O meio físico cavado, esculpido pela natureza ou pelo Homem, ou então projetado e modelado nos seus vários relevos, constitui espaço. Os planos viários, com seus mergulhões no Meio ou suas projeções através de viadutos, bem como toda a materialidade construída pelo Homem, constituem espaço. Dentro de si, os fixos continentes incluem uma diversidade de espaços e ambientes internos. Neles, o Homem – através dos inúmeros seres humanos – movimenta-se simultaneamente em um meio e em um espaço. Os objetos vários, sejam eles quais forem (fixos ou móveis), formam espaço nas suas distâncias recíprocas, e é também nesse espaço que se movem os fluxos (boa parte deles), a maioria através das ações humanas, ou por demandas delas.

---

121 BARROS, 2011d, 2016.

Quadro 8   A interpenetrabilidade dos três acordes

Conforme se vê, nesta tríade geográfica – o Homem, o Meio, o Espaço – tudo se interpenetra. Até mesmo o homem – um determinado indivíduo, por exemplo – tem dentro de si espaços e é ele mesmo um meio para todo um universo microcelular, apresentando em seu organismo diversos *fixos* (os vários órgãos e dutos condutores) e *fluxos* (corrente sanguínea, impulsos nervosos, processo respiratório, cadeias de ações comandadas pelo cérebro). Definitivamente, meio, homem e espaço entram um por dentro do outro, em um fascinante imbricado, para onde quer que olhemos.

Como na Música, as notas implicadas na tríade HEM (homem, espaço, meio) não estão uma por sobre a outra (em que pese o que pareça mostrar a grafia em uma pauta musical), mas sim uma por dentro da outra. No interior mesmo de um único nível acórdico – tomemos o Meio como exemplo – as notas também se interpenetram. O clima, de um lado e no longo prazo, é o escultor do relevo, constituindo-se no grande "arsenal dos agentes externos do modelado"[122]. É ele quem esculpe os planaltos através da erosão, as planícies através dos processos de sedimentação. De um outro modo, certas notas do clima acompanham determinações do relevo em decorrência das altitudes (e latitudes, que já se referem ao espaço). A temperatura reduz-se nas serras; o vento sopra com a autorização do relevo. Enquanto isso, se o clima implica a distribuição das águas atmosféricas através dos regimes pluviométricos, a distribuição espacial das águas oceânicas em proporção às terras é, de sua parte, "um dos principais fatores de sua formação regional"[123]. Uma nota age na outra. Condições atmosféricas e distribuição das águas constituem notas

---

122 MOREIRA, 2014b, p. 51.
123 Ibid.

mescladas no interior de um mesmo nível acórdico (o acorde Meio); e, mais além, em um grande poliacorde geográfico.

De passagem, quero lembrar aqui que, de acordo com a teoria musical, cada nota é também um acorde, em um outro nível. Isso ocorre porque qualquer nota, mesmo que soando isoladamente, possui dentro de si uma espécie de acorde secreto. Internamente, embora de forma não diretamente perceptível pelos seres humanos, cada som é constituído por uma "série harmônica". Quando uma única nota soa, na verdade está soando dentro dela um discreto acorde interno. Embora os seres humanos não tenham a capacidade de perceber auditivamente estas notas internas como notas ("alturas"), podem percebê-las como "timbres"[124].

É por isso e tudo o mais que a Música, com a sua noção fundamental de "acorde", pode constituir um modo de imaginação para dar a compreender as situações geográficas, nas quais as várias notas estão umas por dentro das outras, mas sem necessariamente uma hierarquia regida pelas alturas expressas na pauta. De resto, devemos lembrar que o que hierarquiza efetivamente as notas musicais são os distintos tempos de duração e vários ritmos, bem como as inter-relações entre as notas, suas funções no interior das estruturas e na totalidade harmônica, e não propriamente as alturas indicadas na pauta. A ideia de verticalidade do acorde, de todo modo, é útil e prática, e não se achou melhor recurso gráfico para representar este fenômeno.

---

124 O Clima – nota que se combina, para formar o acorde Meio, com o bioma, relevo, estrutura geológica, regime das águas, movimento dos gases e "materialidade construída" – já é, em si mesmo, um acorde, com várias notas que o constituem. Isso se encaixa muito bem nos comentários do geógrafo Ruy Moreira sobre a teoria da formação do clima como "processo de análise combinatória": "Sua estrutura é o resultado do entrecruzamento da temperatura, da pressão e da umidade do ar, os 'três elementos da formação do clima'. Esses três elementos variam na superfície terrestre com a latitude, altitude, maritimidade, continentalidade etc. os 'fatores do clima'. Na dinâmica da formação do mapa dos tipos de clima, os 'fatores' interferem provocando variações em cada 'elemento' e determinando os modos locais de suas combinações" (MOREIRA, 2014b, p. 51).

Compreendido o potencial de interpenetração que existe entre as notas de um acorde musical – e, analogamente, a interpenetrabilidade entre Homem, Meio, Espaço, bem como entre as diversas notas que eventualmente constituam cada um destes três fatores – poderemos pensar agora nos três níveis dos poliacordes geográficos referentes a uma cidade. Será este o nosso desfecho final.

Pensemos no Espaço, no Meio, e no Homem que habita ou já habitou qualquer uma destas impressionantes cidades modernas ou antigas. Vamos nos concentrar por ora no seu admirável e complexo conjunto de fixos, sejam estes os fixos continentes ou os fixos condutores. Quando os arqueólogos descobrem cidades que estavam ocultas sob a terra, podem recuperar essas estruturas que, em uma cidade, estabelecem-se sobre o espaço e no meio físico, e que passam a constituir a parcela de meio construído pelo homem que imediatamente se junta ao meio físico natural. O fator humano, o qual aflora sobre o meio e nos limites e formatos de um espaço, e que retroage sobre estes mesmos meio e espaço já os modificando, irá constituir, com a polifonia dos fluxos, os níveis acórdicos superiores. Mas isso, conforme disse, é só uma representação simplificada de uma realidade complexa na qual espaço, meio e homem na verdade se imbricam.

Voltemos, entrementes, aos nossos dedicados arqueólogos. Quando eles descobrem antigos níveis urbanos ou rurais sob a terra, podem resgatá-los das suas sombras e seus silêncios. Lá estão as estruturas materiais construídas pelos seres humanos, e diversos elementos do meio por eles interferidos. As estruturas permanecem, sob muitos aspectos. Trazida uma antiga cidade à luz, os fixos, antes ocultos, ressoam mais uma vez. Mas os fluxos – a vida que não mais existe, ou o movimento que cessou – terão de ser deduzidos sistematicamente dos objetos, dos documentos, das relações que se podem imaginar entre os fixos. É preciso se por à escuta deles, sentir seus aromas imaginários. Será necessário vislumbrar, com imaginação e método, o bioma que sempre se junta ao fator humano para constituir a vida, outrora pulsante e ressonante.

Em uma cidade que fosse subitamente evacuada, permaneceriam dela o acorde-base e os acordes-de-coração. Desapareceriam os acordes-de-cabeça. Os fluxos se encerrariam, a vida desertaria. E a cidade como que se transformaria em uma necrópole, ou em uma cidade-fantasma, ao som de uma grave estrutura harmônica que perdura para além de uma melodia que já se encerrou.

Olhando para os seus fixos – para aquelas formas já sem função – apenas poderíamos deduzir o que realmente foi, um dia, a sua estrutura total, e os processos que a percorreram ou que sobre ela atuaram. Em uma cidade sem os seus habitantes vivos, e sem mais fluxos que não os da própria natureza retomando os seus espaços, já não podemos mais escutar diretamente as vozes que um dia entreteceram o seu plano melódico. Já não se pode mais completar a música, senão a partir dos seus fantasmas, dos espíritos que cantam de um passado-presente que ressoa através das mais diversificadas fontes e vestígios.

Tangenciamos aqui a quarta dimensão: o primeiro e o último feixe de notas de um poliacorde geográfico. Se trouxermos a chave, teremos diante de nossos olhos e ouvidos essa dimensão oculta, entranhada em fontes e resíduos diversos, bem como na própria materialidade ou em seus mais secretos interstícios. O tempo é o acorde secreto que se esconde e se revela no Homem, no Meio e no Espaço. Nos arranjos de espaço, ou nos homens que por lá passarem – se ao menos tiverem uma língua na qual ficaram marcas, ou um simples sistema de gestos – também ali estará o tempo de uma cidade que perdura para muito além de suas ruínas, a ressoar como uma inaudível nota azul, ou a brilhar como um clarão invisível que se espraia em muitas camadas. O Tempo, a outra face do Espaço. O último feixe sonoro de um poliacorde que deve ser pacientemente decifrado por geógrafos e historiadores.

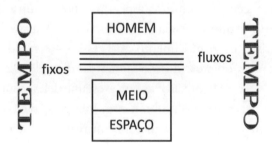

Segunda parte
Interações possíveis

III
A relação entre História e Geografia no século XX

18 O diálogo com a escola de Vidal de La Blache

O conceitual da Geografia tem proporcionado à História grande riqueza de novas possibilidades. Uma das primeiras escolas geográficas a terem merecido a atenção dos historiadores de novo tipo, e particularmente da historiografia original e derivada da Escola dos *Annales*, foi a escola geográfica de Vidal de La Blache (1845-1918) – geógrafo francês que já atua interdisciplinarmente com historiadores desde 1905[125], e que, na verdade, teve a sua formação original partilhada entre a História e a Geografia, ainda que depois tenha transitado mais definidamente para a afirmação de uma identidade teórica explícita como geógrafo[126]. Ademais, desde 1877, e por um período de vinte anos, La Blache iria atuar como professor da disciplina Geografia no interior do Curso de História da École Normale, até que, por fim, em 1898, é nomeado professor de Geografia da Sorbonne[127].

Durante toda a parte inicial de sua vida profissional, como se vê, Vidal de la Blache pode ser perfeitamente categorizado como um geógrafo-historiador ou como um historiador-geógrafo, possuindo em seu acorde identitário estas duas notas em perfeita harmonia – a Geografia e a História – o que faz dele mesmo uma espécie de *locus* para a circularidade interdisciplinar.

---

[125] Vidal de La Blache contribuiu para a *História da França* de Ernest Lavisse com um primeiro volume intitulado *Tableau de la geographie de la France*.
[126] Essa transição é examinada por Larissa Alves de Lira no artigo "Vidal de La Blache: historiador" (2014).
[127] LIRA, 2014, p. 2. • SANGUIN, 1993, p. 118-121, 139.

O encontro entre Geografia e História dá-se ainda através de um dos principais recursos teórico-metodológicos propostos por Vidal de La Blache: o "tempo geográfico". Podemos entender este recurso através de uma comparação com a concepção de "tempo histórico" em vigor na própria época de La Blache. O tempo histórico, aquele que o historiador extrai sistematicamente de fontes diversas, inclusive da tradicional documentação de arquivo, e que deve ser devolvido ao leitor da obra de história através de uma narrativa encadeada, era visto na época de Vidal de La Blache como um tempo essencialmente cronológico, sucessivo. Na narrativa historiográfica uma coisa vinha depois da outra, por assim dizer.

Enquanto isso, antecipando uma perspectiva que já discutimos no capítulo precedente, La Blache sustentava a ideia de que o "tempo geográfico" poderia ser observado diretamente nas paisagens, uma vez que ele nelas se materializava através de uma dupla ação da natureza e da história[128].

Simultâneo (e não sucessivo) o tempo geográfico apresenta-se ao geógrafo de uma única vez, já que seus diversos momentos encontram-se parcialmente expressos na paisagem através de variadas informações e materiais. É através das paisagens geográficas – em parte abordadas narrativamente – que se torna possível enxergar e mesmo historiar as interações do homem com o espaço, as suas relações de dependência com o meio, os seus esforços para se tornar livre diante e ao lado do ambiente natural.

Antes de prosseguirmos, convém lembrar que o modelo geográfico de La Blache constituiu-se, em alguma medida, por oposição à escola geográfica alemã que vinha então se edificando em torno de Ratzel (1844-1904). Habitualmente, o determinismo típico de Ratzel aparece na história da geografia em oposição ao chamado possibilismo geográfico, de La Blache. Não obstante, Ratzel deixa bem claro, sobretudo em uma de suas principais obras – a *Antropogeografia* (1909) – a sua franca rejeição a todas as formas simplistas de determinismo[129].

---

128 A dupla parceria entre Natureza e Humanidade na conformação das paisagens é discutida já na sessão inicial de *Da interpretação geográfica das paisagens* (1908). Diz-nos Vidal de La Blache: "Em geral, a água (sob todas as suas formas e com os fenômenos climáticos que engendra), a vida vegetal (com suas associações, suas características hidrófilas ou xerófitas etc.) e as obras do homem combinam-se às feições elementares do relevo para compor a imagem enquadrada pelo horizonte" (VIDAL DE LA BLACHE, 2012, p. 127). A principal seleção de textos na qual nos apoiamos neste item é organizada por HAESBAERT; PEREIRA & RIBEIRO, 2012.

129 Uma reflexão de La Blache sobre o modelo geográfico de Ratzel pode ser encontrado em um artigo escrito em 1898 para os *Annales de Geographie* (1998, p. 97-111).

As perspectivas de uma oposição mais radical entre Ratzel e La Blache são algo exageradas, e parte deste exagero foi estimulado pelo historiador francês Lucien Febvre, que tendia a encarar Ratzel sob a ótica de que este último priorizara uma análise francamente determinista ao enfatizar a influência mais linear do meio sobre os destinos humanos. Ao mesmo tempo, Febvre também se empenhou muito em difundir, sobretudo entre os historiadores, a ideia de que Vidal de La Blache contribuiu decisivamente para aquilo que pode ser chamado de "possibilismo geográfico".

Relativizada a dicotomia La Blache-Ratzel, a qual não deixa de trazer como pano de fundo o confronto e a rivalidade franco-prussiana que em 1870 havia levado os dois países ao enfrentamento bélico, vejamos em que consistia o possibilismo geográfico. Ainda que situando o meio geográfico no centro da análise da vida humana, Vidal de La Blache buscou enfatizar as diversas possibilidades de respostas que podiam ser contrapostas pelos seres humanos diante dos desafios do meio. Como boa parte dos geógrafos possibilistas de fins do século XIX e da primeira metade do século XX, La Blache amparava-se mais definidamente na ideia da libertação progressiva do homem em relação às influências do meio, o que produzia uma ressonância teórica mais simpática aos historiadores que breve constituiriam o grupo dos *Annales*.

Ao lado do princípio fundamental de "possibilismo geográfico", o modelo de Vidal de La Blache também implicava uma geografia cujas noções essenciais eram constituídas a partir dos conceitos da Biologia[130]. A moldura na qual se enquadrava a vida humana não era tanto a Terra como teatro de operações no qual intervinham os diversos fatores físicos como o clima e a base geológica, mas sim a Terra enquanto matéria viva, coberta de vegetação e variedade animal, formadora de ambientes ecológicos e de possibilidades vitais.

Para além disso, cumpre notar que as relações entre os seres humanos e o meio são examinadas por Vidal de La Blache a partir de diversas escalas de observação, desde o nível de uma microgeografia voltada para a vida humana mais direta (os homens se confrontando com o meio vital que se apresenta ao seu entorno), até o nível mais abrangente de uma macrogeografia que se volta para uma especulação sobre os grandes destinos planetários. Em uma aula

---

[130] A perspectiva de Vidal de La Blache de que a Geografia humana mantém íntimas relações epistemológicas e metodológicas com a Botânica e a Zoologia acha-se bem-definida em "Geografia humana: suas relações com a Geografia da vida" – artigo publicado em 1903, no n. 7 da *Revue de Sinthèse Historique* (VIDAL, 2012, p. 99-123).

inaugural de 1873[131], La Blache procura explicar a originalidade da Europa mediante uma avaliação do sistema de mares que a cercam, trazendo-lhe – em comparação com a Ásia – uma configuração de península. A multiplicação costeira do oceano através desta configuração, que também inclui um sistema de mares interiores, teria proporcionado à Europa tanto uma maior facilidade no acesso às vias marítimas como uma maior comunicação entre todas as suas partes internas (as diversas nações entre si). Enquanto isso, elementos climáticos e naturais – tais como os benefícios trazidos pela corrente de água quente vinda do Golfo do México – agregariam novas circunstâncias favoráveis ao desenvolvimento de uma especificidade da civilização europeia.

Em que pese o eurocentrismo que pode ser observado neste encaminhamento analítico, o importante para a nossa discussão é ressaltar que o espaço, e as relações dos seres humanos com o espaço, são eventualmente abordados por La Blache em muitas escalas e a partir de diversas instâncias distintas. Ademais, de resto esse espaço mostra-se atravessado por uma perspectiva temporal, apresentando-se com este aspecto uma das marcas importantes do modelo geográfico de La Blache.

A contribuição mais conhecida de Vidal de La Blache – ou a escala de observação na qual ele adquiriu maior notoriedade – não foi, todavia, nem a escala ampliada que focaliza o homem individual na sua relação direta com o meio, nem a pequena escala que abarca com um único olhar analítico o planeta e os continentes. A perspectiva regional – e a própria constituição e descrição das regiões de um país como tarefa de primeira ordem para o geógrafo – foi certamente a contribuição que lhe rendeu maior fama[132]. A este aspecto, que mais tarde iria resultar na destacada influência de Vidal de La Blache sobre os historiadores regionais de meados do século XX, voltaremos oportunamente, na ocasião em que discutirmos a História local – modali-

---

131 LA BLACHE, 1873, p. 5-6.

132 A Região é o espaço conceitual de trabalho da obra mais conhecida de Vidal La Blache, o *Quadro da Geografia da França* (1903) – obra que influenciou tanto os geógrafos das gerações seguintes como também os historiadores franceses regionais dos anos de 1950. Conforme veremos adiante, mais tarde esta obra sofreria algumas críticas por induzir à leitura de um quadro de regiões estáticas, desligadas de sistemas mais amplos e estabelecidas de uma vez por todas. Por outro lado, é ainda a região o espaço conceitual de análise de outra obra de La Blache, bem menos conhecida, e que já trata a região de uma maneira radicalmente distinta, perfeitamente inserida em sistemas mais amplos e atravessada pela história de modos diversos. Esta obra – *A França do Leste* (1916) – traz à tona um outro Vidal de La Blache (LACOSTE, 2005, p. 116).

dade historiográfica que se beneficia amplamente das sistematizações de La Blache com vistas à definição das regiões geográficas.

Entrementes, as primeiras aplicações das concepções espaciais derivadas da escola geográfica de Vidal de La Blache logo apareceriam nas novas obras historiográficas que enfrentaram o desafio de estudar as macroespacialidades. Lucien Febvre (1878-1956), um dos fundadores do movimento dos *Annales*, já havia se valido francamente da concepção espacial de Vidal de La Blache para começar a pensar as relações entre o meio físico e a sociedade, e o resultado desta reflexão foi concretizado na obra A *Terra e a evolução humana* (1922).

Contudo, foi Fernand Braudel (1902-1985) – líder da segunda geração de historiadores franceses ligados aos *Annales* – quem primeiro aplicou estas noções a um objeto historiográfico mais específico e de maior magnitude. Este historiador francês irá mesmo além na incorporação das contribuições lablachianas. Sua "dialética de durações" – a qual prevê um entremeado de temporalidades distintas em qualquer história a ser examinada – não deixa de se inspirar naquela perspectiva polifônica que já era a das camadas de tempo de Vidal de La Blache.

De acordo com este modelo lablacheano, seria possível elaborar uma narrativa histórica dos diversificados fenômenos geográficos (naturais e humanos) que, sucessiva e superpostamente, parecem se acumular tal qual verdadeiras camadas de tempo que se depositam na visualidade espacial. Mais ainda, uma análise intensiva da paisagem e de suas marcas permitiria ver a própria história da luta dos seres humanos para se impor ao meio ambiente e ao espaço envolvente, para enfrentá-los, dominá-los, apropriá-los, incorporá-los às suas vidas.

La Blache havia se proposto à tarefa de examinar como a conquista humana do espaço deixa na paisagem traços profundos que podiam ser lidos pelo geógrafo-historiador como um texto, uma narrativa reveladora. Para tal leitura, todavia, seria preciso aprender a olhar em profundidade, a perceber as "camadas do tempo". Este olhar em camadas pode ocorrer tanto na observação de campo, diante da imagem que a natureza e a realidade espacial oferecem ao geógrafo através de um passado tornado presente, como nos arquivos e a partir de outros tipos de vestígios[133].

---

[133] De resto, Vidal de la Blache não deixa de destacar a primazia do estudo de campo no seu método de "Interpretação geográfica das paisagens": "Desnecessário dizer que a

De fato, a habilidade analítica de La Blache vai além da já admirável leitura direta da paisagem, e estende-se à análise dos vestígios antropológicos (dos hábitos culturais que se superpõem em um mesmo ambiente rural ou em uma mesma cidade), passando pelo exame das marcas tecnológicas (os diferentes modelos arquitetônicos nas cidades; as marcas destas ou daquelas técnicas de cultivo nos campos)[134], e daí aos próprios nomes de origens culturais e temporais distintas a partir dos quais foram nomeadas as ruas de uma cidade, os rios de uma floresta, as montanhas ao longe.

De igual maneira, outra narrativa espacial importante podia ser trazida pela ocupação humana do espaço. As diferentes densidades demográficas que se espalhavam pelo espaço apontando para certos caminhos, os modos como as populações se acomodam à natureza, aos rios e montanhas, os vestígios do tempo no rareamento ou adensamento de certos grupos populacionais – também aqui o tempo vai se apresentando ao geógrafo nas suas diversas camadas e bolsões. Uma narrativa histórica dos perfis geográficos torna-se então possível. Ela mesma, se explorada com criatividade, pode trazer à tona uma série de questões que devem ser respondidas pelo geógrafo. Novas perguntas podem ser colocadas. Que aspectos naturais fizeram-se parceiros dos homens nas suas escolhas? Como as variações climáticas, e as desigualdades na distribuição de recursos, indicaram caminhos em pontilhado que os homens se dispuseram a seguir? Alguns deles resistiram a isto? Há marcas de suas lutas pelo espaço e contra o espaço? Como elas se apresentam distribuídas no tempo geográfico?

---

maior parte desta interpretação deve ser feita no estudo de campo. Ele é a arquitetura da paisagem; por vezes, a própria paisagem" (2012, p. 126). O olhar do geógrafo, todavia, é um olhar de *expert*, que deve enxergar além do padrão de visualidade, e enriquecê-lo com uma erudição que pressupõe conhecimentos interdisciplinares, como o da Geologia: "Conforme [o campo do observado] se apresente unido ou acidentado, plástico ou contrastado, prevalece certo estilo. Porém, uma observação: chegará um momento em que certa parte do espetáculo contemplado por nossos olhos se dispersará. [...] Um olhar treinado não se detém a esta modalidade geral. Na escultura à qual os diversos agentes de erosão, cada um com sua maneira própria de agir, se entregam incessantemente, há diferenças que dizem respeito não apenas à desigual resistência dos materiais, mas à erosão anterior à qual já tenham sido submetidos. Prolongada tal erosão por muito tempo, daí em diante esses materiais tornam-se menos sensíveis aos agentes do modelado, menos capazes de sentir seus efeitos destruidores. Há tanto diferenças de idade quanto diferenças de rochas" (VIDAL, 2012, p. 126).

134 Uma assimilação do modelo lablacheano de leitura das marcas humanas no campo pode ser encontrado, em Marc Bloch, nos *Caracteres originais da história rural francesa* (1931), uma obra na qual o espaço natural torna-se uma fonte histórica entre as demais.

Aqui, nesta leitura em camadas no interior das quais se intermesclam elementos naturais e humanos, vê-se deslocado para a análise geográfica o modelo da arqueologia e de sua abordagem das sucessivas camadas de terra e de objetos diversos que vão recobrindo o solo no decurso da passagem do tempo. É assim que o olhar do geógrafo, nesta abordagem, parece se aproximar do modo de olhar típico do arqueólogo, permitindo que o analista se movimente através de uma busca de profundidades que tornariam possível reler, na paisagem, a própria passagem do tempo que ali ficou depositado através de elementos concretos e de marcas diversas.

O conceito básico que ampara este esforço de observação intensiva, e que requer um modo quase arqueológico de visualização, é o de *permanência*, noção que seria cara aos historiadores dos *Annales* nas décadas seguintes. La Blache, com seu método de releitura geográfica das camadas do tempo, examina precisamente as permanências – aquilo que se conserva na paisagem, que se consolida. O método, por isso, apresenta algumas singularidades que não deixaram de ser criticadas por geógrafos posteriores, tal como Yves Lacoste (autor ao qual voltaremos em um item específico). Este geógrafo francês atenta para o fato de que o método da narrativa histórica dos elementos geográficos, tal como é aplicado por Vidal de La Blache em suas interpretações das paisagens, deixa escapar os elementos mais dinâmicos e mutáveis:

> [La Blache] procura mostrar como as paisagens de uma "região" são o resultado da superposição, ao longo da história, das influências humanas e dos dados naturais. Em suas descrições, todavia, Vidal termina por dar maior destaque às *permanências*, a tudo aquilo que é herança duradoura dos fenômenos naturais ou de evoluções históricas antigas. Em contrapartida ele baniu, em suas descrições, tudo aquilo que decorre da evolução econômica e social recente; de fato, tudo aquilo que tinha menos de um século e que traduzia os efeitos da "revolução industrial"[135].

É sintomático que as pesquisas de Vidal de La Blache priorizem a análise dos aspectos da vida agrícola e natural em detrimento de alusões aos aspectos industriais e objetos geográficos típicos da modernidade tecnológica. O talento expresso em suas descrições geográficas, quase pictóricas, sente-se muito mais confortável diante das paisagens rurais do que em frente às paisagens urbanas, as quais estariam sujeitas elas mesmas a uma transfiguração "arqueológica" muito mais rápida, se quisermos investir na mesma inspiração conceitual introduzida por La Blache.

---

135 LACOSTE, 2005, p. 60.

Diante das paisagens urbanas – de sua impressionante fugacidade e de seu agitado ritmo que muito mais está para o *allegro*, ou mesmo para o *presto*, do que para o *adágio* ou para o *andante*[136] – o geógrafo que se dispuser à análise das paisagens e das localidades de um país precisará ter mais um "olhar de cineasta" do que um "olhar de pintor". Na cidade, não apenas tudo acontece mais rápido, como a paisagem muda mais rapidamente. Para captá-la, seria mais adequado ter uma filmadora do que uma máquina fotográfica.

O geógrafo Vidal de La Blache, entrementes, é tipicamente um pintor. Quase podemos vê-lo delinear com aquarelas muito bem escolhidas as imagens que emergem desta belíssima passagem de sua descrição dos *pays* franceses (1888)[137]. Não seria à toa, aliás, que alguns anos mais tarde Vidal de la Blache denominaria o seu paciente trabalho geográfico de delimitação regional francesa de "Quadros da Geografia da França" (1903):

> Entre Étampes e Orléans, atravessamos em trem um *pays* chamado La Beauce e, sem mesmo sair da portinhola do vagão, distinguimos certas características da paisagem: um terreno indefinidamente aplainado sobre o qual se desenvolvem campos cultivados sobre longas faixas; muito poucas árvores, muito poucos rios (durante 65 quilômetros não se atravessa nenhum); ausência de casas isoladas; todas as habitações estão agrupadas em burgos ou aldeias. / Se atravessarmos o Loire, encontramos, ao sul, um *pays* de mesma planura, mas cujo solo tem uma cor distinta, onde abundam bosques e lagunas: é a Sologne. A leste de Beauce, entre as nascentes do Loire e do Eure, surge um *pays* acidentado, verdejante, cortado por cercas e sebes de árvores, com habitações disseminadas por toda a parte: é o Perche. Entremos na Normandia. Se, no departamento do Sena-Inferior, examinarmos os dois distritos contíguos de Yvetot e Neuchâtel, quanta diferença! No primeiro, tudo é planície, campos de cereais, granjas contornadas por grandes quadrados de árvores, amplos horizontes. No segundo, veem-se apenas pequenos vales, cercas vivas e pastagens[138].

---

136 Emprego aqui a metáfora dos ritmos musicais – ou, mais propriamente, dos andamentos. O *Adágio* é um dos mais lentos utilizados pelos compositores (há ainda o "largo" e o "lento", propriamente dito). A palavra adágio, aliás, deriva de "*ad ágio*" (comodamente). O *Andante* é um andamento mais rápido (ou menos lento). Diz-se que temos aqui um andamento que se entretece no próprio ritmo do andar humano. Um pouco mais rápido temos o *Moderato*. Depois, logo chegamos aos andamentos ligeiros: ao *Allegro*, ao *Presto*, à impactante velocidade do *Prestíssimo*.

137 VIDAL, 2012, p. 203-212. "As divisões fundamentais do território francês" [original: 1888].

138 VIDAL DE LA BLACHE, 2012, p. 207-209.

A predileção pelo padrão que se espacializa mais à larga, pela descrição natural, pelo desenho dos habitats – ainda que em outros trechos La Blache também procure mostrar que também "os homens diferem como o solo" – compõem o elegante estilo geográfico-pictórico de Vidal. Em outras oportunidades, o geógrafo francês mergulha mais a fundo na arqueologia do tempo, mostrando como este se acumulou nestes mesmos ambientes.

Por outro lado, nada impediria que um analista tomasse para si a tarefa de examinar as diversas superposições de camadas de tempo na paisagem urbana. De todo modo, tal como também acrescenta Yves Lacoste em sua crítica ao método vidalino de análise intensiva das camadas de tempo consolidadas na paisagem, o "homem-habitante" de La Blache – o indivíduo que habita serenamente este enquadramento regional perfeitamente isolado como se fosse um sítio arqueológico – não parece estar inserido nas suas relações sociais e, menos ainda, nas suas relações de produção[139].

Com relação ao papel, na análise lablacheana, da noção de *permanência*, ela também pode trazer certos inconvenientes quando associada a outra categoria básica do geógrafo francês: a de "região" – um conceito ao qual retornaremos ao discutir a influência de La Blache nos estudos de História local. A aliança combinada entre as forças da natureza e do passado é o que produz, afinal, esta permanência que pode ser percebida pelo geógrafo e decifrada a partir das suas camadas de tempo. Contudo, ao final deste processo de análise geográfico-histórica, chega-se ou pode-se chegar a uma região, a uma certa área unificada por uma história comum. Há um risco muito grande de que as regiões produzidas pelas análises de La Blache terminem por ser "naturalizadas" (reconhecidas como algo que é dado definitivamente pela natureza e pelo passado e que, ato contínuo, já não precisa mais ser discutido).

Mais adiante, veremos que foi precisamente isto o que ocorreu com a aceitação incondicional das regiões lablacheanas tanto pela geografia como pela historiografia regional francesa de inspiração lablacheana. O tempo, que entrara pela porta da frente na geografia lablacheana, parece agora sair pela porta dos fundos, esquivando-se de todos e autorizando a consolidação de

---

139 LACOSTE, 2005, p. 61. Ou, como faz notar Yves Lacoste em outra passagem do *Tableau* (1903): "Para Vidal de La Blache, a geografia humana é essencialmente o estudo das formas de habitat, a repartição espacial da população. A concepção vidalidana da geografia, que apreende o homem na sua condição de habitante de certos lugares, coloca, de fato, o estudo dos 'fatos humanos' na dependência da análise dos 'fatos físicos'" (LACOSTE, 2005, p. 108).

um quadro nacional regional imutável. Tal se deu, de certa maneira, menos por causa das proposições diretas de Vidal de La Blache, que por conta dos usos inadequados que terminaram por fazer de sua obra.

Por ora, concentremo-nos na questão da influência de Vidal de La Blache entre os primeiros historiadores franceses ligados aos *Annales*. Como dizíamos, Fernand Braudel é o grande nome a ser lembrado quando se fala na interdisciplinaridade entre Geografia e História. Será ele o beneficiário mais criativo das lições trazidas pela geografia lablacheana, cuja influência deixa marcas visíveis na sua obra mestra: uma análise do Mar Mediterrâneo como ambiente e sujeito de uma história que entretece as trajetórias de culturas e civilizações distintas.

De certa forma, Braudel propõe nessa obra uma saída para as contradições que surgem entre uma assimilação da região lablacheana, tornada compartimento estanque pelas gerações seguintes de geógrafos, e a necessidade historiográfica de abordar a complexidade trazida pelas espacialidades diferenciadas do Mediterrâneo. *O Mediterrâneo e o mundo mediterrânico no tempo de Felipe II* (1946) – obra-prima que se celebrizou por entremear para um mesmo objeto o exame de três temporalidades distintas (a longa, a média e a curta duração), cada qual com seu ritmo próprio – traz precisamente no primeiro volume, dedicado ao estudo de uma longa duração na qual tudo se transforma muito lentamente, um paradigma que marcaria toda uma geração de historiadores: a ideia de estabelecer como ponto de partida da análise historiográfica o espaço geográfico. A obra demarca pela primeira vez, em um trabalho de maior fôlego, uma nova modalidade historiográfica que ficaria conhecida como Geo-história.

19 Braudel e a Geo-história

No *Mediterrâneo* de Braudel (1946)[140], assim como em La Blache, meio e espaço constituem noções equivalentes. Os dois conceitos deixam de conformar um intervalo (uma relação entre duas notas), e se superpõem um ao outro. Oscilando entre a ideia de que o meio determina o homem, e uma perspectiva mais possibilista de que os homens instalam-se no meio natural de modo a transformá-lo e convertê-lo na base de sua vida social, Braudel termina por associar intimamente civilização e macroespacialidade. Em *Me-*

---

140 BRAUDEL, 1983.

diterrâneo ele afirma que "uma civilização é, na base, um espaço trabalhado, organizado pelos homens e pela história", e em *Civilização material do capitalismo* (1967) irá reiterar esta relação sob a forma de indagação: "O que é uma civilização senão a antiga instalação de uma certa humanidade em um certo espaço?" Falar de civilizações "é falar de espaços, terras, relevos, climas, vegetações, espécies animais, vantagens dadas ou adquiridas"[141]. Esta relação íntima entre a sociedade e o meio geográfico (no sentido lablacheano) encontra-se precisamente na base da formação de uma nova modalidade historiográfica: a Geo-história.

Pode-se dizer que a Geo-história braudeliana praticamente introduz a Geografia como "grade de leitura" para a História[142]. Assim como Vidal de La Blache havia renovado o seu próprio âmbito de estudos ao introduzir a História como patamar de leitura para a Geografia, passando a explorar a possibilidade de entender o espaço através do tempo acumulado nas paisagens, Braudel agora parecia inverter admiravelmente esta fórmula:

> Neste jogo, a geografia deixa de ser um valor em si mesmo para se tornar um meio, ajudando a reencontrar as mais lentas das realidades estruturais, e a organizar uma perspectivação segundo uma linha do mais longo prazo. A geografia (à qual, como à história, podemos pedir tudo) passa assim a privilegiar uma história quase imóvel, desde que, evidentemente, aceite a seguir as suas lições e aceite as suas divisões e categorias[143].

Ao trazer o espaço ao primeiro plano de suas análises, ocasionalmente Braudel parece oscilar entre duas atitudes que se contradizem (ou se complementam), ora tratando o Mediterrâneo como cenário, ora como o próprio personagem da trama histórica. Assim, por vezes o espaço mediterrânico é apresentado pela fluente escrita braudeliana como um meio físico que os homens e as civilizações encontram para nele se instalar, bem de acordo com as velhas leituras lablacheanas. Nesses momentos, o Mediterrâneo braudeliano se afirma como um duplo cenário. De um lado, impõe-se a peculiar série de penínsulas compactas e montanhosas intermediadas pelas vastas planícies; de outro lado, afirma-se o Mar, ou melhor, o singular complexo de mares entrecortados[144]. A abordagem mais geral do Mediterrâneo como este du-

---

141 BRAUDEL, 1989, p. 31.
142 DOSSE, 1994, p. 136.
143 BRAUDEL, 1983, p. 33.
144 Ibid., 1983, p. 33-34.

plo cenário geográfico no qual a trama histórica se apoia e se desenvolve é contraposta, em outros momentos, ao tratamento do meio mediterrânico como um quase-personagem, um sujeito histórico que integra a natureza e o próprio homem[145].

A evocação do Mediterrâneo como o grande personagem de seu livro é introduzida por Fernand Braudel logo à saída do prefácio de sua primeira edição, escrito em maio de 1946[146]. Este grande personagem mediterrânico, de sua parte, possui muitas e muitas faces.

> [...] O mar interior era, no século XVI, bem mais vasto do que hoje; uma personagem complexa, embaraçosa, excepcional, que escapa às nossas medidas e definições. Inútil é pretender dele a história simples, no gênero "nasce a..."; tal como é inútil escrever com simplicidade a seu respeito, contar singelamente como as coisas se passaram... O Mediterrâneo nem sequer é um mar, antes é um "complexo de mares", de mares pejados de ilhas, cortado por penínsulas, cercado por costas rendilhadas; a sua vida está ligada à terra, a sua poesia é predominantemente rústica, os seus marinheiros são camponeses nas horas vagas; é o mar dos olivais e das vinhas, tanto como dos esguios barcos a remos ou dos redondos navios dos mercadores, e a sua história não pode ser separada do mundo terrestre que o envolve, tal como a argila o não pode ser do artesão que a modela[147].

Ligado à terra – às montanhas e às planícies que se juntam à grande massa de água e ilhas para formar aquilo que Braudel chamou de "o Grande Mediterrâneo" – por vezes o grande mar interior se defronta, ainda, com outro grande personagem: o Deserto do Saara. "Mais que um vizinho, [este] é um hóspede, por vezes incômodo e sempre exigente". Há um momento, entre o sul da Tunísia e o sul da Síria, no qual os dois gigantes se tocam, naquele singular lugar no qual "o deserto termina diretamente no mar"[148]. Através destes inesperados e quase insólitos entrelaçamentos oferecidos pela natureza, os homens entretecem a sua própria história: a rede comercial mediterrânea, com sua textura cuidadosamente tecida por três civilizações, emaranha-se com a misteriosa rede comercial do deserto.

---

145 A quase-personificação do Mediterrâneo, em Braudel, é salientada por Pau Ricoeur – em *Tempo e narrativa* (1985), no capítulo que se dedica à análise desta obra de Braudel – como um novo e sutil tipo de narrativa.

146 BRAUDEL, 1983, p. 21-22.

147 Ibid., p. 22.

148 Ibid., p. 34.

Com relação à interdependência entre os homens e o meio, é preciso notar que não é tanto com a ideia de um "determinismo geográfico" que Braudel trabalha em *O Mediterrâneo*, mas sim com a ideia de um "possibilismo" inspirado precisamente na geografia de Vidal de La Blache. Afora isso, o empreendimento ao qual o historiador francês se propõe nessa obra paradigmática é o de realizar uma "espacialização da temporalidade", e mais tarde ele aprimorará também uma "espacialização da economia", chegando ao conceito de "economias-mundo" que já se encontrará plenamente elaborado e sustentado em exemplos históricos em *A civilização material do capitalismo* (1979).

O objeto do 1º volume de *O Mediterrâneo* (1946/1963) – o qual traz a grande originalidade dessa obra dividida em três partes que se referem a cada uma das três temporalidades que marcam os ritmos da história – é a relação entre o Homem e o Espaço. É esta relação que Braudel pretende recuperar através de "uma história quase imóvel [...] uma história lenta a desenvolver-se e a transformar-se, feita frequentemente de retornos insistentes, de ciclos sem fim recomeçados"[149]. A interação entre homem e espaço, suas simbioses e estranhamentos, as limitações de um diante do outro, tudo isto não constitui propriamente a moldura do quadro que Braudel pretende examinar, mas o próprio quadro em si mesmo.

Eis aqui o primeiro ato deste monumental ensaio historiográfico, e é sobre esta história quase-imóvel de longa duração – a temporalidade espacializada onde o tempo infiltra-se no solo a ponto de quase desaparecer – que se erguerá o segundo ato, a "média duração" que rege os "destinos coletivos e movimentos de conjunto", trazendo à tona uma história das estruturas que abrange desde os sistemas econômicos até as hegemonias políticas, os estados e sociedades. Trata-se de uma história de ritmos seculares, e não mais milenares, e depois dela surgirá o último andar – a "curta duração" que rege a história dos acontecimentos, formada por "perturbações superficiais, espumas de ondas que a maré da história carrega em suas fortes espáduas"[150].

O sujeito da história, nas duas obras monumentais de Braudel, como que se transfere do homem propriamente dito – individual ou coletivo – para realidades que lhe são muito superiores: o Espaço, no *Mediterrâneo*; e a Vida Material, na *Civilização material do capitalismo*. São estes grandes sujeitos históricos que abrem o campo de possibilismos para as subsequentes histórias

---
149 Ibid., p. 25.
150 BRAUDEL, 2005, p. 96.

dos movimentos coletivos e dos indivíduos. Um dos objetivos centrais de Braudel em *Mediterrâneo* é precisamente o de mostrar que tanto a história dos acontecimentos como a história das tendências gerais não podem ser compreendidas sem as características geográficas que as informam e que, de resto, têm a sua própria história longa.

O Mediterrâneo, enfim, é a insuperável e monumental obra-prima na qual Fernand Braudel pretendeu demonstrar criativamente que o tempo avança com diferentes velocidades, em uma espécie de polifonia na qual a parte mais grave coincide com a história quase imóvel do espaço, e onde temporalidade e espacialidade praticamente se convertem uma à outra.

Paradoxalmente, apesar de ter sido o primeiro a propor uma "história quase imóvel" como um dos níveis de análise, outra grande contribuição de *O Mediterrâneo* foi a de mostrar que tudo está sujeito a mudanças, ainda que lentas, o que inclui o próprio Espaço. De fato, a leitura de *O Mediterrâneo* nos mostra que o espaço definido por este grande mar era muito maior no século XVI do que nos dias de hoje, pela simples razão de que o transporte e a comunicação eram muito mais demorados naquele período[151]. Com isto, percebe-se que a espacialidade dilata-se ou comprime-se no tempo conforme consideremos um período ou outro nos quais se contraponham distintas possibilidades dos homens movimentarem-se no espaço. Mais uma vez, homem, espaço e tempo aparecem como três fatores indissociáveis.

Se o espaço está sujeito aos ditames do tempo, a dinâmica das temporalidades também está sujeita aos ditames do espaço e do meio geográfico. Para dar um exemplo assinalado por François Dosse em seu elogio à análise braudeliana, o mesmo *Mediterrâneo* mostra-nos um mundo dividido em duas estações: enquanto o verão autoriza o tempo da guerra, o inverno anuncia a estação da trégua – uma vez que "o mar revolto não permite mais aos grandes comboios militares se encaminharem de um ponto ao outro do espaço mediterrânico: é, então, o tempo dos boatos insensatos, mas também o tempo das negociações e das resoluções pacíficas"[152]. Desta maneira o clima (aspecto físico do meio geográfico) reconfigura o espaço, e este redefine o ritmo de tempos em que se desenrolam as ações humanas. Espaço, Tempo e Homem.

---

[151] Conforme ressalta Braudel, "quando se trata de atravessar o Mediterrâneo no sentido dos meridianos, é preciso contar uma a duas semanas; e quando se decide atravessá-lo no seu comprimento, são necessários dois ou três meses" (BRAUDEL, 1983, p. 410).
[152] DOSSE, 1994, p. 140.

A obra de Braudel nos permite iniciar outra reflexão, em torno de uma diferença fundamental entre "duração" e "recorte de tempo". Braudel ousou estudar o "grande espaço" no "tempo longo". Quando falamos em "tempo longo" referimo-nos a uma "duração" – ou antes: a um determinado "ritmo de duração". O tempo longo é aquele que se alonga, que parece passar mais lentamente. Não devemos confundir "longa duração" com "recorte extenso". O recorte temporal de Braudel em *O Mediterrâneo* – pelo menos o recorte deste trecho da história de que ele se vale para orquestrar polifonicamente as três durações distintas – é o reinado de Felipe II, rei da Espanha entre 1556 e 1598.

Braudel não estudou nessa obra propriamente um "recorte temporal estendido". Ele abordou um recorte tradicional, que cabe em uma ou duas gerações e que coincide com a duração de um reinado, mas examinando através deste recorte a passagem do tempo em três ritmos diferentes. Outra coisa seria examinar um determinado espaço – grande ou pequeno – em um recorte extenso ou estendido. O ritmo de tempo (a duração) que o historiador sintoniza em sua análise de determinada realidade histórico-social nada tem a ver com o "recorte temporal historiográfico" escolhido pelo historiador. A "duração" – curta, média ou longa – deve ser pensada como uma questão relacionada ao ritmo histórico, não à sua extensão.

Com relação ao seu recorte espacial, Braudel havia considerado que o Mediterrâneo possuía sob certos aspectos uma unidade que transcendia as unidades nacionais que se agrupavam em torno do grande "mar interior", e que transcendia a polarização política entre os grandes impérios da época: espanhol e turco. Por outro lado, ele precisou lidar com a "unidade na diversidade", e descreve dezenas de regiões autônomas cujos ritmos convergem para um ritmo supralocal. Essa saída, de algum modo, ao mesmo tempo assimila o método lablacheano de descrição das regiões, e o supera. O mundo mediterrânico de Braudel é constituído por um grande complexo de ambientes – mares, ilhas, montanhas, planície e desertos – e que se vê partilhado em uma pluralidade de regiões a terem sua heterogeneidade decifrada antes de ser possível propor a homogeneidade maior ditada pelo tipo de vida sugerido pelo grande mar. É assim que, se Braudel constrói em sua obra uma arquitetura de durações, também elabora uma arquitetura de espacialidades que são expostas por aproximações em diferentes escalas.

Como um cineasta que ora procura capturar em plano aberto a imagem de um Mar Mediterrâneo bidividido nas suas tradicionais grandes bandas, e que ora focaliza em plano médio a individualidade de cada um dos seus mares interiores – o Tirreno, Adriático, Jônico, Egeu, entre outros – o historiador francês dirige a sua câmera também ao plano fechado que procura revelar a singularidade de cada ilha, com seus modos de vida específicos[153]. Nas tomadas de terra, Braudel ora revela em plano geral as grandes massas continentais que rodeiam o grande mar, ou os dois impérios e os vários países que o disputam, ora focaliza a especificidade de suas penínsulas, até chegar – em um enquadramento *plongée*[154] – à singularidade de suas montanhas, dos pequenos desertos e florestas, ou, em maior detalhe, à vida de suas cidades e ao destino das caravanas que as percorrem. Enxergar o Grande Mediterrâneo como arquitetura de durações, e como arquitetura de espaços, foi o desafio enfrentado por Braudel, nessa obra que não teve paralelo na historiografia[155].

20 A emergência da História local francesa

Se Fernand Braudel havia trabalhado com o "grande espaço" em *O Mediterrâneo na época de Felipe II* (1946) – o que continuaria a ocorrer com sua outra obra monumental, *Civilização material, economia e capitalismo* (1979) – as gerações seguintes de historiadores franceses ligados ao movimento dos *Annales* trouxeram também a possibilidade de uma nova tendência que abordaria o "pequeno espaço".

Esta nova tendência, fortalecida nos anos de 1950, ficou conhecida na França como "História Local". Também aqui a contribuição da Geografia derivada de La Blache destaca-se com particular nitidez, ajudando a configurar um conceito de Região que logo passaria a ser utilizado pelos Historiadores para o estudo de microespaços ou espaços localizados, em muitos sentidos dotados de uma homogeneidade bem maior do que os macroespaços que haviam sido examinados por Braudel.

Do macroespaço que abriga civilizações, a historiografia moderna passava agora a possibilidade de examinar os microespaços que abrigavam po-

---

153 BRAUDEL, 1983, p. 175.

154 O *plongée* ("mergulho") é o enquadramento de câmera no qual o cineasta aproxima-se, por cima, de seu objeto.

155 Consciente das dificuldades da aventura intelectual que resolvera mobilizar, no Prefácio de 1946 assim se dirige Braudel ao leitor: "Será, portanto, difícil definir exatamente que personagem histórica poderá ser o Mediterrâneo; para tal seria necessário paciência, múltiplas diligências, e, certa e inevitavelmente, alguns erros" (BRAUDEL, 1983, p. 22).

pulações localizadas, fragmentos de uma comunidade nacional mais ampla. A História Local nascia, aliás, como possibilidade de confirmar ou corrigir as grandes formulações que haviam sido propostas ao nível das histórias nacionais. A História Local – ou História Regional, como passaria a ser chamada em alguns países com um sentido um pouco mais específico – surgia como a possibilidade de oferecer uma iluminação em detalhe de grandes questões econômicas, políticas, sociais e culturais que até então haviam sido examinadas no âmbito das nações ocidentais.

O modelo de compreensão do Espaço proposto pela escola de Vidal La Blache funcionou adequadamente para diversos estudos associados a esta historiografia europeia dos anos de 1950 que lidava com aquilo que Pierre Goubert – um dos grandes nomes da "História Local" – chamava de "unidade provincial comum", e que ele associava a unidades "tal como um *country* inglês, um *contado* italiano, uma *Land* alemã, um *pays* ou *bailiwick* franceses"[156].

Nestes casos e outros, o espaço escolhido pelo historiador coincidia de modo geral com uma unidade administrativa e muitas vezes com uma unidade bastante homogênea do ponto de vista geográfico ou da perspectiva de práticas agrícolas. Também se tratava habitualmente de zonas mais ou menos estáveis – bem ao contrário do que ocorria em países como os da América Latina durante o período colonial, nos quais devemos considerar a ocorrência mais frequente de "fronteiras móveis".

A espacialidade tipicamente europeia considerada para certos recortes temporais – que não coincide com a de outras áreas do planeta e para todos os períodos históricos – permitiu que fosse aproveitado por aqueles historiadores que começavam a desenvolver estudos regionais, cobrindo todo o Antigo Regime, um modelo onde o espaço podia ser investigado e apresentado previamente pelo historiador, como uma espécie de moldura onde os acontecimentos, práticas e processos sociais se desenrolavam. Frequentemente, e até os anos de 1960, as monografias derivadas da chamada Escola dos *Annales* apresentavam previamente a introdução geográfica, e depois vinha a História, a organização social, as ações do homem. A possibilidade de este modelo funcionar, naturalmente, dependia muito do objeto que se tinha em vista, para além dos padrões da espacialidade europeia nos períodos considerados.

A crítica que depois se fez a este modelo no qual o espaço era como que dado previamente – tal como aparecia nas propostas derivadas da escola de

---

156 GOUBERT, 1992, p. 45.

La Blache – é que no caso se adotava um conceito não operacional de região. As regiões vinham definidas de antemão, como que estabelecidas de uma vez por todas, e bastava ao historiador ou ao geógrafo escolher a sua para depois trabalhar nela com suas problematizações específicas.

Lembremos mais uma vez que, no início do século XX, La Blache havia sido o responsável por um monumental trabalho intitulado *Quadro da Geografia na França* (1903), no qual se propunha uma peculiar divisão do território francês em muitas "regiões geográficas", tanto a partir de uma leitura da sua história administrativa como da percepção de certas características naturais que lhe pareciam trazer uma paisagem específica, ou mesmo uma personalidade própria a cada uma destas regiões (Champanhe, Bretanha, Aquitânia etc.).

Os contornos redesenhados para cada uma destas regiões lablacheanas ora seguiam preexistentes linhas político-administrativas herdadas do passado medieval, ora completavam-se com aspectos naturais (a margem imposta por um rio ou o obstáculo apresentado por uma montanha).

Orientando-se pelo método, atrás discutido, de perceber e de dar a perceber a lenta ação conjunta da Natureza e do Passado humano (histórico), confluindo para uma certa permanência, Vidal de La Blache chegou a um quadro final de regiões geográficas francesas que terminou por ser de certa forma "naturalizado" por gerações de geógrafos franceses, e que até hoje ainda é mecanicamente incorporado em muitos estudos acadêmicos e certamente nos manuais escolares. Pois foram precisamente estas regiões que foram tomadas – como espaços que já não precisavam ser questionados – pela geração de historiadores locais franceses nos anos de 1950[157].

Frequentemente – quando a região coincidia com um recorte político-administrativo que permanecera sem maiores alterações desde a época estudada até o tempo presente – isto representava até certa comodidade para o historiador, que podia buscar as suas fontes exclusivamente em arquivos concentrados nas regiões assim definidas.

---

157 Mais adiante veremos que os anos de 1970 serão beneficiados pela perspectiva crítica de geógrafos que começam a questionar as ilusões das individualidades geográficas. Um deles será Yves Lacoste (1976): "Esse expediente que postula a possibilidade de reconhecimento imediato das 'individualidades geográficas', essa ilusão ou este estratagema de familiaridade com o real que faz acreditar que a descrição reúne todos os elementos possíveis, enquanto que ela resulta, na verdade, de escolhas muito estritas, vão induzir os geógrafos a evitar problemas epistemológicos fundamentais" (LACOSTE, 2005, p. 83).

Em seu célebre artigo "A História Local", Pierre Goubert chama atenção para o fato de que a emergência da História Local dos anos de 1950 fora motivada por uma combinação entre o interesse em estudar uma maior amplitude social (não mais apenas os indivíduos ilustres, como nas crônicas regionais do século XIX) e a disponibilização de métodos que permitiriam este estudo para regiões mais localizadas – em particular as abordagens seriais e estatísticas, capazes de mobilizar dados relativos a toda uma população de maneira massiva.

Ao trabalhar em suas pequenas localidades, os historiadores poderiam desta maneira fixar sua atenção "em uma região geográfica particular, cujos registros estivessem bem reunidos e pudessem ser analisados por um homem sozinho"[158]. A coincidência entre a região examinada e uma unidade administrativa tradicional como a paróquia rural ou o pequeno município, podemos acrescentar, permitia por vezes que o historiador resolvesse todas as suas carências de fontes em um único arquivo, ali mesmo encontrando e constituindo a série a partir da qual poderia extrair os dados sobre a população e a comunidade examinada.

Com o progressivo surgimento dos novos problemas e objetos que a expansão dos domínios historiográficos passou a oferecer cada vez mais no decurso do século XX, o modelo de região derivado da escola geográfica de La Blache começou a ser questionado precisamente porque deixava encoberta a questão essencial de que qualquer delimitação espacial é sempre uma delimitação arbitrária, e também de que as relações entre o homem e o espaço modificam-se com o tempo, tornando inúteis (ou não operacionais) delimitações regionais que poderiam funcionar para um período, mas não para outro. Uma paisagem rural facilmente pode se modificar a partir da ação do homem, o que mostra a inoperância de considerar regiões geográficas fixas – e isto se mostra especialmente relevante para os estudos da América Latina no período colonial, mais ainda do que para os estudos relativos à Europa do mesmo período[159].

---

158 GOUBERT, 1992, p. 49.

159 Mesmo para períodos posteriores, deve-se observar uma distinção na espacialidade de países que adquiriram centralidade em termos de domínio econômico e os chamados países subdesenvolvidos: Milton Santos observa que "descontínuo, instável, o espaço dos países subdesenvolvidos é igualmente multipolarizado, ou seja, é submetido e pressionado por múltiplas influências e polarizações oriundas de diferentes tipos de decisão" (SANTOS, 2004, p. 21).

De igual maneira, um *território* não existe senão com relação ao âmbito de análises que se tem em vista, aos aspectos da vida examinados (se relativos ao âmbito econômico, político, cultural ou mental, p. ex.). Uma região cujos contornos tenham sido estabelecidos de uma vez por todo o sempre – ora atentando para um certo passado histórico, ora para certos limites impostos pela natureza – pode produzir linhas divisórias que não fazem sentido nenhum para cada problema histórico em particular, e mesmo para as diversas temáticas geográficas a serem analisadas[160].

Atrelar o espaço ou território historiográfico que o historiador constitui a uma preestabelecida região administrativa, geográfica (no sentido proposto por La Blache), ou de qualquer outro tipo, implicava deixar escapar uma série de objetos historiográficos que não se ajustam a estes limites. A mesma comodidade arquivística que pode favorecer ou viabilizar um trabalho mais artesanal do historiador – capacitando-o para dar conta sozinho de seu objeto sem abandonar o seu pequeno recinto documental – também pode limitar e empobrecer as escolhas historiográficas. Uma determinada prática cultural, conforme veremos oportunamente, pode gerar um território específico que nada tenha a ver com o recorte administrativo de uma paróquia ou município, misturando pedaços de unidades paroquiais distintas ou vazando municípios. Do mesmo modo, uma realidade econômica ou de qualquer outro tipo não coincide necessariamente com a região tradicional.

A crítica aos modelos de recorte regional-administrativo, ou de recortes geográficos à velha maneira lablacheana, não surgiram apenas das novas buscas historiográficas, mas também de aportes que afloraram no próprio seio da Geografia Humana. Tal como ressalta Ciro Cardoso (1979), à altura dos anos de 1970 o conceito de região derivado da escola de La Blache já começara a ser criticado por pensadores que sustentavam que a realidade impõe o reconhecimento de "espacialidades diferenciais, de dimensões e significados variados, cujos limites se recortam e se superpõem, de tal maneira que, estando num ponto qualquer, não estaremos dentro de um, e sim de *diversos* conjuntos espaciais definidos de diferentes maneiras"[161]. Para ilustrar com

---

[160] "Há linhas [nos contornos produzidos por La Blache] que só têm significado geológico, ou que correspondem a demarcações políticas desde há muito inexistentes, que determinam a divisão do espaço e a individualização de diferentes 'regiões' que se tomam, em seguida, de maneira essencialmente monográfica" (LACOSTE, 2005, p. 64).
[161] CARDOSO, 1979, p. 72-78, 1998, p. 7-23.

um exemplo específico, podemos evocar uma passagem de Yves Lacoste, um dos geógrafos que reintroduzem na geografia francesa, a mesma que vinha se baseando nas regiões compartimentadas de La Blache, uma atenção especial à necessidade de uma percepção das espacialidades múltiplas:

> É preciso fazer com que as pessoas compreendam que, quando elas estão num lugar, não estão num único compartimento, numa única "região". Este local diz respeito a um grande número de conjuntos espaciais muito diferentes uns dos outros, tanto do ponto de vista qualitativo como por sua configuração (assim, se está ao mesmo tempo numa comuna de um determinado departamento, na influência da área de Marselha, numa região de colinas, próxima do Ródano, na zona de clima mediterrâneo, no espaço irrigado pelo canal do Baixo-Ródano-Languedoc etc.)[162].

O empenho de uma nova geografia em se contrapor ao modelo lablacheano de divisão do espaço em regiões bem-definidas, e de opor-lhe um tratamento do espaço sob o ponto de vista das "espacialidades superpostas" diante das quais se movimenta o homem em sociedade, incluindo sistemas diversificados que vão da rede de transportes à rede de conexões comerciais ou ao estabelecimento de padrões culturais, aproxima-se muito mais da realidade vivida – e mais ainda particularmente quando adentramos a Modernidade – do que o encerramento do espaço em regiões definidas de uma vez para sempre, e associadas apenas aos recortes administrativos e relacionados às divisões regionais não problematizadas que habitualmente aparecem nos mapas.

A realidade, em toda e qualquer época, é necessariamente complexa, mesmo que esta complexidade não possa ser integralmente captada por nenhuma das ciências humanas, por mais que estas desenvolvam novos métodos para tentar apreendê-la a partir de perspectivas cada vez mais enriquecidas. Mais complexas ainda são as sociedades modernas e contemporâneas. Nestas, regidas cada vez mais por uma "espacialidade diferencial", os espaços se superpõem, ao mesmo tempo em que "se entremisturam, de forma opaca, fluxos regionais, nacionais, multinacionais sobre as particularidades de cada situação local"[163]. Redes de distintas ordens de grandeza, do nível planetário ao entorno imediato, entrecruzam-se sobre o indivíduo, cada vez mais mergulhado na inconsciência em relação à espacialidade diferencial que o cerca.

---

162 LACOSTE, 2005, p. 193.
163 Ibid., p. 91.

É por isso que toda uma geração de novos geógrafos começou a colocar em xeque, cada vez mais seriamente, um modelo de divisão do espaço que já se estagnava e que se naturalizara na sua forma mais redutora e incapaz de apreender a sempre crescente complexidade das sociedades contemporâneas. Começou-se a se perguntar, ademais, a que interesses atendia aquela simplória apropriação mecanizada de um modelo de enquadramento regional nada problematizado:

> Esse procedimento vidalino, tão admirado, reproduzido por um monte de gente que sequer ouviu falar de Vidal de La Blache, é, de fato, um subterfúgio particularmente eficaz, pois ele impede de apreender eficazmente as características espaciais dos diferentes fenômenos econômicos, sociais e políticos. De fato, cada um deles tem uma configuração geográfica particular que não corresponde à da "região"[164].

É na esteira de uma série de críticas que questionam um modo de divisão do espaço que já se tornara mecânico, técnico e não problematizado, que emergem novas perspectivas de compreensão do espaço. No próximo item, examinaremos mais a fundo a perspectiva das espacialidades diferenciais, desenvolvida por autores como o geógrafo francês Yves Lacoste (n. 1929), em uma das mais impactantes obras geográficas dos anos de 1970.

21 Espacialidade diferencial

A perspectiva da espacialidade diferencial – de certo modo abordada por muitos autores contemporâneos desde as últimas décadas do século XX, embora não com este mesmo nome – encontra um de seus desenvolvimentos mais sistemáticos com o geógrafo francês Yves Lacoste (n. 1929), em seu livro mais conhecido: *Geografia: isso serve, em primeiro lugar, para fazer a guerra* (1976).

Profundamente dialética em sua concepção, esta extraordinária obra expõe, de alto a baixo – e de uma perspectiva ao mesmo tempo geográfica, sociológica e histórica – algumas das contradições fundamentais envolvidas nas modernas relações entre o homem, o espaço, o poder, a imaginação e a história. Por ora, destacarei apenas as contradições que são examinadas de saída, já nos capítulos iniciais, tendo em vista que a reflexão sobre as mesmas pode se mostrar particularmente importante para os historiadores que têm se conscientizado acerca da importância do espaço para o seu ofício.

---

164 Ibid., p. 62.

Percebe-se que a motivação maior de Yves Lacoste, aqui, é dar a perceber em maior nível de consciência a "espacialidade moderna". Isso, contudo, não seria possível sem uma apreensão da historicidade que constitui e levou a esse mundo. É por isso que, em primeiro lugar, o geógrafo francês se preocupa em examinar atentamente o radical contraste entre o espaço mais simples dos antigos meios rurais – supondo que seja possível examiná-lo efetivamente nas circunstâncias mais favoráveis – e a espacialidade extremamente complexa do mundo moderno (1). A isso, logo voltaremos. Entrementes, os pares seguintes de contradições abordadas por Lacoste referem-se em especial às espacialidades moderna e contemporânea. Esta significativa passagem sintetiza algumas delas:

> As pessoas, cada vez mais diferenciadas profissionalmente, são individualmente integradas [...] em múltiplas teias de relações sociais que funcionam sobre distâncias mais ou menos amplas (relações de patrão e empregados, vendedor e consumidores, administrador e administrados). [...] Em contrapartida, na massa dos trabalhadores e consumidores, cada qual só tem um conhecimento bem parcial e bastante impreciso das múltiplas redes das quais ele depende e de sua configuração. De fato, no espaço, essas diferentes redes não se dispõem com contornos idênticos; elas "cobrem" territórios de portes bastante desiguais e seus limites se encavalam e se entrecruzam[165].

As contradições estão postas, e podemos resumi-las a seguir. O primeiro jogo contraditório fala-nos da alienação (conceito marxista presente na análise, embora não nomeado desta maneira por Lacoste). A multiplicidade formada pelas diferentes representações espaciais disponíveis ao homem moderno comum contrasta intensamente com o seu simplório "sonambulismo", marcado pela ausência de uma consciência mínima acerca das invisíveis redes espaciais que o dominam (2)[166]. Tal se dá sobretudo porque, apesar dessa grande profusão de representações espaciais, a maior parte delas é relativamente vaga e imprecisa (3). Existe ainda, por fim, o contraste entre as estreitas perspectivas espaciais do homem comum – por exemplo, na sua vida cotidiana – e as representações precisas do espaço que são objetivadas e manipuladas pelos governantes e por aqueles que detêm o poder ou que agem em seu favor (4).

---

165 Ibid., p. 45.
166 O título deste capítulo, definidor para o restante da obra, é: "Miopia e sonambulismo no seio de uma espacialidade tornada diferencial" (LACOSTE, 2006, p. 43-51).

Este alarmante quadro – o qual revela o impressionante manto de inconsciência que recobre o homem moderno, tornando-o incapaz de conhecer adequadamente o próprio espaço que o envolve – foi também discutido por outros autores, inclusive o geógrafo brasileiro Milton Santos (1992) em uma conferência sobre o mundo globalizado:

> Dentro do atual sistema da natureza, o homem se afasta em definitivo da possibilidade de relações totalizantes com o seu próprio quinhão de território. De que vale indagar qual a fração de natureza que cabe a cada indivíduo ou a cada grupo, se o exercício da vida exige de todos uma referência constante a um grande número de lugares? Ali mesmo onde moro, frequentemente não sei onde estou. Minha consciência depende de um fluxo multiforme de informações que me ultrapassam ou não me atingem. [...] O que me cabe são apenas partes desconexas do todo, fatias opulentas ou migalhas[167].

Nesta passagem, escrita quinze anos depois do livro-manifesto de Yves Lacoste (1976), Milton Santos (1992) simula com maestria as angústias espaciais do homem contemporâneo – mostrando-nos como o quadro desfiado pelo geógrafo francês agravou-se mais e mais com os novos aspectos da mundialização que foram trazidos pelos anos de 1990[168]. Uma realidade espacial e informacional cada vez mais complexa recobre a vida deste homem moderno que, um tanto paradoxalmente, mergulha cada vez mais na inconsciência espacial, no viver fragmentado, na incapacidade de existir plenamente, de sentir e compreender todas as forças e instâncias que regem a sua própria vida.

Hoje, passados mais outros quinze anos, a globalização e a rede virtual que configura o ciberespaço apenas intensifica e expande em níveis ainda mais surpreendentes a contradição de que todos vivemos em um mundo superpovoado por informações aparentemente disponíveis, mas que apenas esbatem o domínio irrisório que os seres humanos da sociedade pós-industrial têm de suas próprias vidas. Seja em um cantão rural na China ou em um es-

---

167 SANTOS, 2013, p. 19. "Globalização e redescoberta da natureza" [original: 1992].

168 Os anos de 1970 haviam oferecido o cenário para o surgimento de uma geografia mais crítica em diversas partes do mundo, tanto em países europeus como a França como no então chamado Terceiro Mundo, em obras como a de Milton Santos, no Brasil. A longa era de prosperidade, ao menos para as economias mais desenvolvidas e para parcelas privilegiadas da sociedade, havia se estendido do final da Segunda Guerra, em 1945, até inícios dos anos de 1970. Esta fase de ouro do capitalismo, a qual então terminava, vinha mascarando, para muitos, os problemas da Modernidade. Com a crise dos anos de 1970, estes passavam a ser encarados mais diretamente.

critório em Manhattam, a vida e a morte são governadas por liames diversos que enlaçam cada lugar em um emaranhado difícil de decifrar.

A nova espacialidade – reconfigurada por um feixe complexo de forças e diretrizes que vêm de pontos distintos – envolve de novas maneiras os homens e mulheres contemporâneos, mas estes parecem saber muito pouco sobre os fios que os puxam de um para o outro lado como fantoches. Seus lugares, mesmo que para alguns ainda estejam recobertos pelas ilusões da propriedade, muito pouco lhes pertencem. A tradicional horizontalidade das regiões, herdeira de uma antiquíssima relação espacial na qual os seres humanos ao menos tinham algum controle sobre o seu meio material mais imediato, é agora cortada transversalmente por verticalidades que "agrupam áreas ou pontos a serviço de atores hegemônicos não raro distantes"[169]. A esta complexidade indecifrável o homem responde com sua crescente inconsciência, quase um novo tipo de sonambulismo que o arrasta de um para o outro lado.

Como chegamos a isso? Retornemos às percepções iniciais sobre a nova espacialidade do mundo moderno, em meados dos anos de 1970. Yves Lacoste inicia a sua argumentação sobre a necessidade de se compreender melhor o mundo humano a partir da perspectiva da espacialidade diferencial – sempre imprescindível, mas cada vez mais necessária à medida que adentramos a Modernidade – com um agudo contraste em relação aos antigos modos de percepção do espaço, nas sociedades relativamente menos complexas. O seu ponto de partida para este contraste é o modo de vida aldeão, nas antigas sociedades ruralizadas. Poderemos entender melhor este modelo se pensarmos inicialmente, por exemplo, nas aldeias de camponeses medievais[170]. Assim se refere Yves Lacoste a este primeiro modelo de referência:

> Outrora, na época em que a maioria dos homens vivia ainda para o essencial, no quadro de autossubsistência aldeã, a quase totalidade de suas práticas se inscrevia, para cada um deles, no quadro de um único espaço, relativamente limitado: o "terroir" da aldeia e, na periferia, os territórios que relevam das aldeias vizinhas. Além, começavam os espaços pouco conhecidos, desconhecidos, míticos. Para se expressar e falar de suas práticas diversas, os homens se referiam, portanto, antigamente, à representação de um

---

[169] SANTOS, 2013, p. 51. "Os espaços da globalização" [original: 1993].

[170] A complexidade de outros ambientes da Antiguidade, e mesmo da Idade Média, escapa a Lacoste – ou não faz parte de seus objetivos de análise. O universo aldeão evocado, na verdade, funciona muito mais como um recurso para iluminar contrastivamente a espacialidade contemporânea.

espaço único que eles conheciam bem concretamente, por experiência pessoal[171].

Os homens e mulheres que viviam neste primeiro espaço-tempo social podiam enquadrar a sua vida, de modo geral, nos limites de um espaço que abarcavam com a vista e os pés em suas atividades cotidianas. Tal como ressalta Lacoste, cada homem ou mulher podia percorrer a pé o seu próprio território, "aquele no qual se inscreviam todas as atividades do grupo ao qual pertencia"[172]. Seus pontos de referência encontravam-se nesse espaço contínuo e bem conhecido. A vida do camponês, metaforicamente, cabia em uma única caixa, e pode-se dizer que grande parte desta vida resolvia-se, nos seus aspectos essenciais, nos limites de um espaço do qual ele conhecia simultaneamente a sua extensão e os seus contornos.

Cerca de vinte anos antes destas observações de Lacoste sobre a espacialidade simplificada que precede a Modernidade, o geógrafo francês Max Sorre (1880-1962) já discutia a familiaridade dos povos ditos "primitivos" com um meio físico cuja percepção confundia-se com o "espaço social necessário à reprodução de sua vida"[173]. Conforme ressalta Milton Santos, ao retomar em uma conferência de 1977 estas notáveis considerações de Max Sorre, a complexidade da vida moderna irá fragmentar drasticamente a percepção do espaço:

> Quando a economia se complica, uma dimensão espacial mais ampla se impõe, e o espaço do trabalho é cada vez menos suficiente para responder às necessidades globais do indivíduo. Sua tarefa não passa de uma parcela ínfima dentro de um processo que interessa a milhares ou a milhões de pessoas, frequentemente separadas por milhares de quilômetros. A percepção desse grande espaço torna-se, então, fragmentária, enquanto o espaço circundante só explica uma parcela de sua existência[174].

Não é necessário, entrementes, acompanhar tão longe os geógrafos Max Sorre e Milton Santos em seu recuo no tempo com vistas a buscar nos povos

---

171 LACOSTE, 2005, p. 43-44.
172 Ibid., p. 45.
173 SORRE, 1957, p. 14-17. Cf. tb. SANTOS, 2004, p. 28.
174 SANTOS, 2004, p. 28 [original: 1977]. Em outro texto – ao discutir as tensões modernas entre a horizontalidade cotidiana e uma verticalidade globalizadora que nela interfere, Milton Santos (1993) reforça esta mesma ideia: "O espaço geográfico, banal em qualquer escala, agrupa horizontalidades e verticalidades. Assim, o que ainda se pode chamar de região – espaço de horizontalidades – deve sua constituição não mais à solidariedade orgânica criada no local, mas a uma solidariedade organizacional literalmente teleguiada [...]" (SANTOS, 2013, p. 51).

primitivos esse agudo contraste em relação ao homem moderno. Se já estivermos tão somente falando de um camponês medieval europeu, sujeito ao regime senhorial, teremos diante de nós uma vida cujas práticas mais imediatas ainda se resolviam cotidianamente no interior da aldeia, e cujas decisões cruciais para o seu viver, na maior parte delas, não vinham de muito longe, ligando-se também a pontos de referência bem visíveis: em primeiro lugar o castelo do seu senhor; depois a igreja da paróquia, ponta mais visível de uma rede que remetia ao sistema transnacional da Igreja, mas que, de modo geral, apresentava uma interferência mais reduzida no dia a dia camponês. Tinha-se ainda a cidade mais próxima, ponto focal importante.

Com um olhar, e uma boa caminhada, o aldeão vislumbrava os pontos de referência que representavam poderes – castelo, Igreja, cidade – e percorria mais ou menos confortavelmente o seu espaço vital. O aldeão não precisava lidar com muitas representações do espaço.

É claro que, ao lado desta grande massa de pessoas comuns, havia ainda a minoria dos detentores do poder em níveis e ambientes diversos. Acompanhando a tese geral de seu livro – a de que "a Geografia serve, em primeiro lugar, para fazer a guerra", Lacoste ressalta que, nessas sociedades, como desde há muito, os príncipes e chefes de guerra – e, poderíamos acrescentar, os mercadores, e os chefes religiosos responsáveis pelas estratégias e políticas eclesiais, entre outros – precisavam representar os espaços que eles dominavam ou queriam dominar. Uma das figuras típicas que apresentam essa necessidade de uma representação espacial mais vasta é a do rei ou do imperador:

> O imperador deve ter uma representação global e precisa do império, de suas estruturas espaciais internas (províncias) e dos estados que o contornam – é uma carta em escala pequena que é necessária. Em contrapartida, para tratar problemas que se colocam nesta ou naquela província, precisa de uma carta em escala maior, a fim de poder dar ordens a distância, com uma relativa precisão. Mas para a massa de homens dominados, a representação do império é mítica e a única visão clara e eficaz é a do território aldeão[175].

Esse passo é particularmente interessante, uma vez que o geógrafo francês já nos introduz no fato de que os dirigentes e detentores do poder sempre demandam por modelos mais diversificados de representação espacial, e em várias escalas. Ao lado disso, Lacoste começa a introduzir a certa altura, em

---

175 LACOSTE, 2005, p. 44.

sua análise, a perspectiva diacrônica – o que é importante para os historiadores – mostrando que as transformações na sociedade, na economia e na política, dos tempos antigos à Modernidade, passaram a demandar novas práticas de representação do espaço compatíveis com uma complexidade sempre crescente.

Ao mesmo tempo, Yves Lacoste reconhece as variações na mesma época ao contrastar a perspectiva aldeã com o ambiente citadino, situação já bem mais complexa mesmo nos tempos antigos. Por ora, sigamos a história deste camponês rumo à Modernidade, com o fito de verificar como surgiram novas demandas de representações espaciais.

Os aldeões de fins do século XIX seguiram com um conhecimento pleno do *terroir* da comuna e dos limites da paróquia nas quais exerciam suas práticas espaciais. Para além dos dez quilômetros de raio que conheciam bem, eram principalmente os que iam à cidade para o mercado semanal aqueles que tinham ainda uma oportunidade adicional de se deparar com visões do espaço mais diversificadas que se estendiam de um lado e de outro da estrada. Eventualmente também precisavam ir à capital do cantão para usufruir os serviços do médico local e atender as demandas do escrivão ou da polícia. Ao lado disso, a representação da Nação ainda é vaga.

O principal para a análise de Yves Lacoste, não obstante, é o modelo de organização espacial no qual se inscreve a vida do aldeão: "um pequeno número de conjuntos espaciais de dimensões relativamente restritas e encaixadas umas nas outras"[176]. Não obstante, o geógrafo francês também mostra como, em decorrência da multiplicação, eficácia e sofisticação dos meios de circulação e de transportes – entre os quais o automóvel – as práticas espaciais tanto se estenderam como se diversificaram socialmente. Sem se deter ainda nas representações espaciais do citadino, que serão forçosamente bem mais complexas e complicadas, Lacoste já deixa entrever aqui a espacialidade diferencial que cada vez mais vai se afirmando nas sociedades modernas. As práticas sociais, então, já começam a se inscrever em conjuntos espaciais que apresentam extensões diferenciadas e contornos não coincidentes uns com os outros.

Rumo à contemporaneidade, chega-se por fim àquilo que Yves Lacoste denomina "espacialidade diferencial". Em favor de uma franca superposição de conjuntos espaciais que passam a se interceptar uns aos outros – e de uma crescente complexidade da Sociedade e do Estado que não pode deixar de im-

---

[176] Ibid., p. 47.

por um emaranhamento cada vez mais intrincado das circunscrições políticas e administrativas, das zonas definidas pelo mercado e de muitos outros ambientes – vão ficando para trás as espacialidades encaixáveis em uma hierarquia de espaços que podem abarcar uns aos outros. Os indivíduos – de uma cidade, por exemplo – frequentam distintas "migalhas de espaço"[177]. Passam por ambientes vários, em muitos casos sem vivenciá-los, como ao observá-los da janela de um ônibus ou de um trem.

De igual maneira, o desenvolvimento da mídia impõe novas representações espaciais aos telespectadores de noticiários, ou mesmo de novelas, os quais ouvem falar de diversificados conjuntos de países que transcendem a antiga divisão em continentes e que a cada instante reagrupam as nações em conjuntos regionais, políticos, econômicos, civilizacionais. As guerras e embates diplomáticos, bem como as alianças comerciais, apresentam as suas próprias geografias, multipartidas em fragmentos diversos e recobertas por redes diversificadas que governam as vidas dos indivíduos sem que estes percebam.

Ao lado disso, habitualmente os indivíduos não deixam de estar confinados em limites bem-definidos, surpreendentemente simplórios, na maior parte do tempo. Vive-se em geral em dois espaços não contíguos – o bairro em que se dorme e o bairro no qual se trabalha – separados por uma viagem de ônibus ou de automóvel que apenas permite que o cidadão vislumbre outros espaços e vizinhanças[178]. Eventualmente, muitas vezes apenas nos fins de semana, conhece-se também o bairro no qual se diverte, de acordo com as posses de cada um.

Conforme se pode ver, a perspectiva da espacialidade diferencial desenvolvida por Yves Lacoste permite abordar o espaço de uma maneira complexa, ultrapassando a imagem das regiões que se encaixam perfeitamente umas às outras. Só se tem a lucrar com uma análise mais complexa que leve

---

[177] Expressão utilizada por Lacoste (2005, p. 49).

[178] "Hoje, é sobre distâncias bem mais consideráveis que, a cada dia, as pessoas se deslocam; seria melhor dizer que elas são deslocadas passivamente, seja por transportes comunitários, seja por meios individuais de localização, mas [sempre] por eixos canalizados, assinalados por flechas, que atravessam espaços ignorados. Nesses deslocamentos cotidianos de massa, cada um vai, mais ou menos solitariamente, em direção ao seu destino particular; só se conhecem bem dois lugares, dois bairros (aquele onde se dorme, aquele onde se trabalha); entre os dois existe, para as pessoas, não exatamente todo um espaço (ele permanece desconhecido, sobretudo se é atravessado dentro de um túnel de metrô), mas, melhor dizendo, um tempo, o tempo de percurso, pontuado pela enumeração dos nomes de estações" (LACOSTE, 2005, p. 45-46).

em conta a superposição e emaranhamento dos espaços, a sutil dinâmica do tempo-espaço. Além disso, rejeita-se a ilusão de que o espaço só pode ser dividido de uma única maneira, tal como ocorrera com os parâmetros geográficos derivados da escola de Vidal de La Blache, ao menos no que concerne à naturalização das regiões elaboradas por este geógrafo e que inspiraram modelos similares de compreensão do espaço nacional entre geógrafos do mundo inteiro.

Por fim, Yves Lacoste atentou para a necessidade de uma concomitante consciência acerca das escalas empregadas, uma vez que certos fenômenos só se tornam representáveis em uma determinada escala. Ao se passar a outra escala, pode ocorrer que o fenômeno ou não seja mais representável, ou que seu significado se veja radicalmente modificado. Esta questão se tornaria particularmente importante para a Micro-história, uma modalidade historiográfica que se vale de uma nova escala de observação de modo a afinar o olhar para enxergar determinados aspectos que habitualmente passam invisíveis pela macro-historiografia tradicional.

A percepção da vida social e individual sob a perspectiva de uma espacialidade diferencial pode enriquecer consideravelmente a historiografia, mesmo quando se trabalha nos limites da História Local ou da História Regional. Particularmente nos períodos modernos e contemporâneos, quaisquer recortes regionais que sejam escolhidos como ponto de partida para uma pesquisa devem ser tratados apenas como referências que encobrem um grande conjunto de redes de relações, de espacialidades superpostas, de dinâmicas de fluxos e fixos, de emaranhamentos de limites.

22 Complexidades do espaço urbano

Não apenas os geógrafos, mas também os urbanistas se empenharam em estudar o espaço de acordo com uma perspectiva mais complexa e multidiferenciada. Nos casos que agora trataremos, o ambiente em análise é a Cidade (o meio urbano), este espaço necessariamente complexo, atravessado por sistemas diversos e que pode, ele mesmo em sua totalidade, ser compreendido como um sistema.

Existe uma incontornável complexidade nos meios urbanos – particularmente no que se refere às cidades modernas e contemporâneas (mas eu diria que essa característica – a complexidade em alguma medida – estende-se também às cidades antigas e medievais). Não há como pensar adequadamente a espacialidade citadina, ou própria à vida urbana nas suas múltiplas facetas, senão a partir de uma compreensão ou percepção similar à que atrás descrevemos como uma "espacialidade diferencial", para tomar de empréstimo a designação evocada pelos geógrafos ligados à Escola de Heródote[179]. A esta visão complexa ou multidiferencial do espaço podemos dar o nome que quisermos, e ela não é de modo algum uma exclusividade da Escola de Heródote, tendo aflorado a partir da obra de inúmeros geógrafos, urbanistas e sociólogos a partir de meados dos anos de 1960.

O importante é o que essa percepção e compreensão complexa do espaço significam. Estamos aqui diante da possibilidade de entender o espaço como uma interação entre dois âmbitos de complexidades: (1) a complexidade produzida pela superposição entrecortada de espaços diversos e pelo emaranhamento de limites em um mesmo plano de análises; e (2) a complexidade gerada pela associação de diferentes escalas com vistas à compreensão do espaço. Esta dupla percepção de complexidades quebra o modelo das caixas, dos compartimentos, da ortodoxia das regiões herdadas acriticamente dos quadros de La Blache; dos modelos estáticos de tratamento da História local.

Gostaria de lembrar que a busca sistemática de novas possibilidades de produzir uma visão complexa do espaço já vem de antes, e que se discuti em maior detalhe a perspectiva de Yves Lacoste foi apenas porque o discurso sobre determinado assunto tem que começar de algum lugar. Por isso, quero evocar agora a importante contribuição dos urbanistas para uma compreensão mais rica do espaço. Conforme alguns destes, a espacialidade da Cidade também deve ser encarada como um sistema complexo que se desenvolve a partir da interação de ambientes diversos que se superpõem, e que partilham alguns fluxos e fixos entre si. Um artigo do arquiteto e matemático Christopher Alexander (1965) poderá nos ajudar a repensar esta questão[180].

---

[179] Por minha conta, estou denominando assim a escola de geógrafos que se agrupou em torno da revista *Heródote*, fundada por Yves Lacoste – autor que discutimos no último item – ao lado de outros geógrafos. Entre os itens do programa de ação seguido por essa escola estão, de um lado, o empenho em compreender o espaço de maneira complexa, como "espacialidade diferencial", e, de outro, o desenvolvimento de uma geografia militante que busca conscientizar as pessoas comuns acerca do espaço, instrumentalizando-as para enfrentarem os poderes e sistemas de dominação. A escola – além de tentar interferir conscientemente na realidade – coloca-se à esquerda, mas apresenta também críticas ao marxismo, embora reconhecendo a riqueza dessa contribuição.

[180] Examinamos esta perspectiva no livro *Cidade e História*, publicado por esta editora (BARROS, 2007).

Intitulado "A Cidade não é uma Árvore", a proposta de compreensão do espaço urbano desenvolvida pelo arquiteto vienense recebeu o prêmio de melhor artigo do ano de 1965 no campo do *design*. O autor defende a tese da superposição dos subsistemas de vida urbana, propondo superar os modelos mais reducionistas e esquemáticos de compreensão da cidade (por ele chamados de "estruturas em árvore") em favor de modelos mais eficazes para captar a complexidade urbana (as "estruturas *semilattice*"). Vamos chamar a estas últimas, neste texto, de "estruturas em grelha".

O artigo de Christopher Alexander objetiva, a princípio, contribuir para uma nova maneira de pensar a cidade, o que seria imprescindível aos urbanistas que pretendam projetar ou criar novas cidades sem perder aspectos da "cidade natural". O modelo de compreensão do espaço urbano proposto pelo urbanista vienense pode ser igualmente útil para repensar a análise da espacialidade de cidades já existentes e de sua complexidade específica, que às vezes se vê reduzida e comprometida em algumas análises inadequadas em decorrência do uso de esquemas demasiado simplificadores. Além disso, este modelo complexo é importante para a identificação problemas sociais e espaciais que decorrem de cidades reais que foram concebidas e planejadas a partir de certos esquemas espaciais demasiado simplórios (ou há mesmo algumas cidades que, no seu crescimento espontâneo, por razões diversas tenderam a se conformar a uma estrutura limitada e estagnada).

Alexander distingue dois modos de pensar correspondentes a distintos modos de representação de estruturas de conjuntos. A "árvore" corresponde a uma estrutura ramificada de pensamento que é frequentemente utilizada em situações diversas, com vistas à esquematização ou na abstração de uma estrutura. As simplificações às quais nos acostumamos na vida diária levam a este modo de pensar. Já a "estrutura em grelha" (as "estruturas *semilattice*") correspondem ao modelo proposto pelo autor. O contraste entre ambos pode ser esclarecido com o seguinte desenho de Christopher Alexander:

Quadro 9 Esquema natural em grelha (à esquerda) e esquema em árvore (à direita)

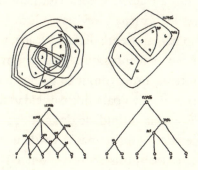

Fonte: Christopher Alexander, 1965.

Um olhar inicial, apenas exploratório, já pode nos mostrar que, entre as duas figuras, a do lado direito – correspondente ao "esquema em árvore" – sacrificou determinadas complexidades e interações espaciais que encontram sua representação no "esquema em grelha". Obviamente que é mais fácil entender, mesmo que visualmente, o modelo mental da árvore, e é esta a razão do seu sucesso. Mas será que não perdemos algo com esta operação simplificadora? É o que nos pergunta Christopher Alexander na abordagem que agora examinaremos, da maneira análoga às indagações que já vimos em Lacoste em favor a uma espacialidade diferencial.

De acordo com Christopher Alexander, a maior parte das cidades que surgiram mais ou menos espontaneamente na história seriam as "cidades naturais". Entre elas, Siena, Liverpool, Kyoto e Manhattam são exemplos dados pelo autor. Enquanto isso, algumas outras cidades, ou partes de cidades, foram deliberadamente construídas por urbanistas planejadores, constituindo as "cidades artificiais". Brasília e as novas cidades britânicas são os principais exemplos citados. Alexander advoga em favor das cidades naturais, salientando que algo falta à boa parte das cidades artificiais. Seu objetivo é mostrar que estas últimas foram desfavorecidas por um esquema mental limitado que lhes afetou o planejamento: a estrutura em árvore.

Uma cidade realmente viva entretece-se a partir de múltiplas espacialidades e de uma relação diversificada e complexa entre as suas partes. Para exemplificar, considere-se uma cidade hipotética. Nela existe uma esquina na qual se localiza um bar com uma banca de jornais em frente. No cruzamento diante da esquina existe um sinal de trânsito. Quando este se abre para o tráfego, o pedestre para na calçada e aproveita para ler superficialmente as notícias e informações dos jornais e revistas. Outros se habituam a tomar diariamente um café no bar em frente. Farol, calçada, transeuntes, jornaleiro, banca de jornais e bar são elementos que formam um "conjunto". Uma vez que estes elementos interagem, o conjunto é chamado de "sistema" – um sistema efetivamente significativo para diversos cidadãos.

Numa cidade existe uma infinidade destes pequenos sistemas, que por isso podem ser considerados "subsistemas". A vida urbana cotidiana de uma cidade utiliza uma parte dos subsistemas disponíveis na cidade. Os subsistemas significativos para cada cidadão se integram, superpondo-se. Cada elemento de um subsistema pode pertencer a outro subsistema, consistindo precisamente nisto a riqueza da vida urbana. É exatamente esta superposição e esta riqueza que se perdem nos modelos de compreensão mais habituais, todos fundados na "estrutura de árvore". Imagina-se os elementos e espaços como se fossem ou se estivessem separados, contíguos, mas nunca superpostos. Desta maneira, acaba-se por deixar que se separem os elementos de uma unidade – ou pior, termina-se por eliminar relações particularmente importantes que deveria haver entre os elementos que foram indevidamente compartimentados em subconjuntos não comunicantes. Esquematiza-se, enfim, um modelo de cidade que não corresponde em absoluto à sua vida efetiva.

O desastre é ainda maior quando não se trata apenas de analisar de maneira simplória uma vida urbana complexa, mas também de interferir na sua própria constituição efetiva a partir de uma compartimentação empobrecedora. Em projetos urbanísticos que almejem criar novas cidades ou novas zonas urbanas, isso corresponderia a planejar artificial e mecanicamente zonas de funções estanques, distribuições rígidas de equipamento, isolamentos da recreação, em todos esses casos e em muitos outros sem prever em momento algum uma integração efetiva de seus elementos[181]. Em análises sociológicas, geográficas ou históricas, acrescento por minha conta, esta atitude mental corresponde a tentar enxergar as cidades já conhecidas a partir de compartimentos e de subsistemas não integrados, sacrificando a possibilidade da

---

[181] Christopher Alexander critica, entre outras, Brasília, cidade planejada de acordo com uma estrutura-árvore (uma via única dando acesso às vias intermediárias e daí recebendo o acesso das vias locais). A estrutura termina por produzir uma compartimentação em quadras residenciais não comunicantes.

compreensão da verdadeira vida social que aí se desenrola. Ou seja, apesar de a vida urbana corresponder efetivamente a uma "estrutura de semigrelha", estabelece-se uma "estrutura de árvore" para facilitar a ação de pensar.

Uma coleção de conjuntos constitui uma "semigrelha" somente quando dois de seus conjuntos se superpõem e o conjunto de elementos comuns a ambos também pertence à coleção. Por oportunos, quero trazer os exemplos elaborados pelo próprio Christopher Alexander (1965), que além de urbanista e *designer* era matemático, o que favorece a sua profunda reflexão sobre os modos de pensar que nos levam a produzir os modelos simplórios e frequentemente inadequados para a compreensão da realidade. Diz-nos Alexander:

> Suponha que te pergunte se você se lembra dos seguintes quatro objetos: uma laranja, uma melancia, uma bola de futebol americano, e uma bola de tênis. Como você irá guardá-los em sua memória? Seja da forma que você fizer, você irá agrupá-los. Alguns de vocês agruparão as frutas juntas, a laranja e a melancia, e as duas bolas juntas, a de futebol americano e a de tênis / Aqueles que tendem a agrupar em termos de formatos físicos podem agrupar de outro modo, colocando de um lado as duas formas menores juntas – a laranja e a bola de tênis – e, de outro, as maiores e com formato ovalado (a melancia e a bola de futebol). Alguns de vocês estarão cientes de ambos.

Quadro 10 Esquema explicativo de Christopher Alexander sobre as estruturas esquemáticas mentais

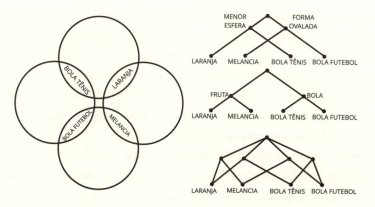

Há uma estrutura-árvore envolvida em cada um destes movimentos mentais, os quais produzem dois modos distintos de agrupamentos. (1) No

primeiro "esquema em árvore" proposto, utiliza-se a forma como o grande critério demarcador, com a subsequente separação em formas esféricas (laranja e bola de tênis) e formas ovaladas (melancia e bola de futebol americano). (2) No segundo "esquema em árvore", apoiamo-nos na função como critério demarcador, separando à saída os objetos em bolas e frutas, concomitantemente agrupando de um lado a bola de tênis e a bola de futebol, por serem bolas; e, de outro, a laranja e a melancia, por serem frutas.

Ao proceder de uma maneira ou de outra – em cada caso nos deixando aprisionar mentalmente por um dos "esquemas em árvore" mais disponíveis – terminamos por sacrificar sempre algo importante da realidade examinada. Em um caso, para ressaltar que os objetos são bolas desportivas ou frutas, abandonamos a percepção da sua forma. Em outro caso, para enfatizar que os objetos são esferas ou formas ovaladas, desconsideramos a função desempenhada por cada um deles. Somente um esquema mais complexo, o "esquema em grelha" (estrutura *semilattice*), poderia resolver o problema, uma vez que ele unifica os dois "esquemas em árvore" em um grande conjunto que os integra, sem contudo deixar que cada subconjunto deixe de ser percebido no que tem de singular. Sobretudo, a estrutura em grelha permite que os diversos elementos do conjunto maior continuem interagindo entre si de diversas maneiras.

Voltemos ao exemplo do início. Referíamo-nos a um trecho de paisagem urbana no qual estão em situação de proximidade um sinal de trânsito, uma banca de jornal e um bar, sendo que os pedestres-cidadãos podem se relacionar de maneiras variadas com estes elementos e com a sua junção em dois conjuntos distintos. Pensar de acordo com o modelo das *semillatices* (a estrutura de grelha), corresponde a dizer que, para o caso evocado, existe um conjunto "sinal de trânsito – banca de jornais" e outro conjunto "banca de jornais – bar". A banca de jornais é uma unidade que também pertence à coleção. De forma contrária à "estrutura de grelha", a "árvore" define-se como a coleção na qual, para cada dois conjuntos, ou um está inteiramente contido no outro ou estão totalmente separados.

O que precisamos para compreender em um nível de maior complexidade as espacialidades urbanas é não nos limitarmos exclusivamente aos esquemas em "estrutura de árvore". Modelos de apreensão do espaço como o da "espacialidade diferencial", atrás discutido, ou outros igualmente complexos, como o das "estruturas *semilattices*", de Christopher Alexander, podem ajudar a ultrapassar os esquemas espaciais mais simplórios.

Não é mais do que uma "estrutura em árvore" a organização administrativa que se segue: o país Brasil divide-se em cinco regiões, estas em alguns estados, estes em uma série de cidades, e dentro destas estão, bem separados, os bairros com suas inúmeras ruas. Limitarmo-nos a esta única maneira de dividir o espaço, e deixar que nosso pensamento se acomode nesta divisão hierarquizada e compartimentada, é deixar que muitas relações e interações escapem, é perder a possibilidade de enxergar novas divisões de acordo com os problemas examinados, novos quebra-cabeças a serem problematizados.

Retomemos os esquemas mentais examinados por Alexander. Ele nos mostra que algumas cidades são concebidas como "estruturas em árvore" (quadro 11). É o caso de boa parte das cidades criadas artificialmente pelos urbanistas de sua época, embora com exceções. Outras (quadro 12), em contrapartida, desenvolvem "naturalmente", por imposições da sua história e das demandas da vida, uma estrutura *semilattice*.

Quadro 11 Esquema de Christopher Alexander para uma cidade nova, planejada e concebida como estrutura-árvore

Quadro 12 Esquema de Christopher Alexander para uma cidade em estrutura-grelha (ex. da cidade de Cambridge)

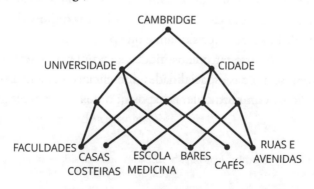

Estendendo por minha conta a reflexão de Alexander para as análises sociológicas e históricas, supondo-se que estas estejam empenhadas em captar a complexidade dos espaços urbanos ou rurais, deve-se evitar o risco de isolar estruturas sociais e vizinhanças em compartimentos estanques. A família X tem vínculos de amizade com a família Y, pertençam ou não à mesma unidade de vizinhança, ou mesmo a grupos sociais diferentes. Em uma cidade moderna, os filhos vão a uma escola de outro bairro porque lá parece haver professores melhores, as compras mais importantes podem ser feitas em um supermercado afastado em virtude de preços. Em cidades medievais, existiam mesmo ambientes ou ocasiões que pressupunham o contato entre grupos sociais distintos, apesar de toda aquela bem conhecida compartimentação prefigurada pela hierarquização ou pela setorização corporativa das sociedades urbanas medievais.

Isso não quer dizer que, para se chegar a uma adequada compreensão da espacialidade complexa produzida no interior das cidades, não devam ser estudados os diversos mecanismos de segregação social e a compartimentação urbana, os quais apresentam efetivamente diversas formas consoante as várias sociedades e períodos históricos. A abordagem proposta apenas ressalta que não se devem desprezar os aspectos que transformam a cidade em um grande sistema integrado.

A proposta derivada das reflexões de Christopher Alexander (1965), conforme pudemos examinar, é integralizar neste novo modelo urbano (de análise ou de planejamento) a teoria dos conjuntos e da informática, com vistas a obter novas visões objetivas da complexa realidade citadina e da integração dos seus subsistemas. O modelo insere-se na mesma tendência que vimos anteriormente, com a "espacialidade diferenciada", de se repensar o espaço consoante modelos mais complexos. Mostra-nos também que a complexidade não é necessariamente um fator contrário à vida ou à liberdade humana, podendo atuar em favor delas, ao invés de imobilizar o indivíduo no interior de uma trama de fios que o aprisionam e que promovem a sua inconsciência.

Por fim, quero ressaltar que os modelos complexos – seja o que acabamos de abordar, seja o das espacialidades diferenciais – adéquam-se ao nosso próprio modelo de complexidade, já exposto: o dos poliacordes geográficos.

IV
História Local e História Regional
A historiografia do pequeno espaço

23 Reajustes no vocabulário: História Local, História Regional, Micro-história

Com base no que se viu até aqui, nesta sessão discutiremos as principais tendências atuais para o uso de algumas das expressões que já apareceram neste livro, particularmente aquelas que indicam campos históricos que, de uma maneira ou de outra, desenvolveram-se a partir de noções ou conceitos derivados da espacialidade.

A Geo-história, que pode ser considerada a primeira destas modalidades a ter surgido na história da historiografia, não oferece muitas incertezas com respeito à sua identidade bipartida, a qual é explícita em seu próprio nome. Desde seus primórdios, em meados do século XX, a Geo-história foi logo entendida como o campo histórico que se apresentou imediatamente como o principal produto de uma parceria e interdisciplinaridade mais direta entre a História e a Geografia. Com este mesmo sentido, a Geo-história segue até hoje, sem a necessidade de maiores redefinições[182].

---

[182] É oportuno lembrar ainda que, desde a quinta década do século XX, quando surgiu a Geo-história, têm se desenvolvido também novos campos que não deixam de ter aspectos em comum com esta modalidade historiográfica. Registram-se, p. ex., as discussões em torno de uma modalidade que poderia se chamar História Ambiental – uma área de saber que propõe estender uma ponte entre a História Natural e a História Social. A expressão História Ambiental – como proposta de um campo de estudos, foi cunhada em 1972 por Robert Nash (1972, p. 362-377). Para uma visão geral os desenvolvimentos recentes da História ambiental, cf. FREITAS, 2007, p. 21-33; WORSTER, 1991, p. 198-215; e WORSTER, 1989, p. 289-307. Desde 1939, a partir de uma proposição geográfica de Carl Troll, tem se

Em contrapartida, existem três modalidades historiográficas, das quais já falamos anteriormente, que não raramente são confundidas umas com as outras: História Local, História Regional e Micro-história. Essa confusão, embora injustificada – principalmente no caso da Micro-história, que é radicalmente distinta da História Local ou da História Regional – ocorre mais do que seria de se esperar. Se há algo em comum entre a Micro-história e aquelas outras duas modalidades historiográficas, é que cada um delas se relaciona primordialmente com um destes três conceitos bem familiares à Geografia e a outros campos de saber que se constituem essencialmente a partir da categoria do espaço: o Lugar, a Região, a Escala.

Em um primeiro momento, podemos situar a História Local e a História Regional em uma certa vizinhança conceitual, se é que há alguma diferença entre elas, aspecto que mais adiante será discutido. Os dois campos históricos, a História Local e a História Regional – considerando neste momento o português como idioma de referência –, acham-se bem fundamentados respectivamente em torno dos conceitos de *lugar* e de *região*.

Os conceitos de "lugar" e de "região" são compreensivelmente próximos. Pode-se dizer, sem grandes torneios conceituais, que a região não deixa de ser uma espécie de lugar. Por isso, estas duas expressões – História Local e História Regional – são bastante intercambiáveis, e não é por acaso que algumas historiografias nacionais, como a francesa, tenderam a não recorrer sequer ao uso diferenciado de duas expressões como estas, abstendo-se portanto de empreender uma distinção efetiva entre as duas modalidades quando referenciaram, nos anos de 1950, o surgimento dos novos interesses dos historiadores em estudar o pequeno espaço[183].

---

consolidado ainda um campo que foi alternadamente nomeado Ecologia da paisagem e Geo-ecologia, o qual compartilha alguns objetos e problemas com a História ambiental. Sobre e Ecologia da paisagem, cf. NAVEH, 2000, p. 7-26.

183 Na Geografia, por outro lado, ocorreu um maior número de debates sobre o que seria, conceitualmente, o "lugar". De uma mera noção que se referia despretensiosamente a uma porção qualquer do espaço, o lugar se afirmou como conceito a ser discutido. Pode ser atribuído ao geógrafo estadunidense Carl Sauer (1889-1975) a primeira valorização da palavra "lugar" como conceito que deve trazer implicações mais específicas para a Geografia e para as demais ciências que estudam o espaço. Em um primeiro momento, o conceito havia sido utilizado na Geografia como uma noção primordial, mas a qual não se via muito a necessidade de discuti-la. Vidal de La Blache afirmou certa vez: "A Geografia é a ciência dos lugares, e não dos homens". A frase despertou sucessivas polêmicas.

A Micro-história, por outro lado, já é uma modalidade bem distinta, e radicalmente distinta, daquelas outras duas (História Local ou História Regional), uma vez que já se baseia francamente no conceito de "escala" – uma categoria que, tal como já vimos, também aparece na Geografia, mas que se refere a uma ordem bem diferenciada de problemas quando os comparamos com as questões suscitadas por conceitos espaciais como o de região ou lugar. Enquanto estes se referem às alternativas para organizar o espaço no interior de um mesmo nível de movimentação, a escala propõe a convivência ou alternância de distintos níveis de observação e análise. É importante ressaltar que estes conceitos – o lugar e a região, por um lado, e a escala, por outro – entrecruzam-se nas análises históricas e geográficas. De todo modo, a questão da qual trataremos a seguir é que cada uma destas três instâncias – lugar, região, escala – é de fato (ou deveria ser) a pedra angular destas três modalidades que poderemos denominar respectivamente História Local, História Regional e Micro-história. Veremos cada uma destas modalidades historiográficas à parte, precedendo-as por uma discussão sobre o conceito de "lugar", o qual ainda não havíamos abordado em maior detalhe.

24 Lugar: reformulações de um conceito

Para nos aproximarmos de uma compreensão mais precisa sobre o que está em jogo com cada um destes três campos históricos, começo por dizer que, na "História Regional" ou na "História Local", a região, o local – ou o *espaço* mais específico, enfim – são trazidos de fato para o centro da análise. Na História Local, o "lugar" (ou o local) ocupa efetivamente uma posição particularmente importante no palco da análise historiográfica a ser empreendida. Veremos mais adiante que isto não ocorre necessariamente com a Micro-história. Por ora, reflitamos sobre o conceito de "lugar", de modo a consolidar esta noção e compreender mais fielmente o que seria uma História Local.

Em tempos idos da história da Geografia, a noção de lugar tendia a se confundir com a de localidade[184]. Nos dias de hoje delineia-se uma forte

---

184 O tratamento do "lugar" como localidade remonta, já em tempos antigos, ao Livro IV da *Física* de Aristóteles (208, 209) e um pouco também ao Livro VIII (260, 261). Nestas passagens das *Physicae Auscultationes*, o filósofo grego discorre sobre o "lugar" (*topos*) partindo da ideia de que "qualquer coisa da qual se possa falar está algures" (em algum lugar). Em seguida, aborda aspectos diversos, tais como a posição, a extensão do lugar, a relação do movimento com o lugar, a possibilidade de o lugar conter algo (no sentido físico). Dessa

tendência, nos meios geográficos, à elaboração de uma distinção mais bem-definida entre o "local" (conceito mais técnico e relacionado a uma posição no espaço) e o "lugar" propriamente dito. Isto não afetou muito esta modalidade que chamamos de História Local, a qual é perfeitamente adaptável a um e a outro destes conceitos. Destarte, a discussão sobre o conceito de "lugar" é particularmente rica, e vale a pena ao menos tangenciá-la.

A partir dos anos de 1960 começam a surgir os primeiros interesses dos geógrafos em definir com maior clareza o que é o "lugar" – um conceito que frequentemente vinha sendo empregado de maneira acrítica, mais ou menos como se já fosse uma noção imediatamente compreensível para todos e para qualquer um. Com vários geógrafos que escrevem nesse período e depois[185], o conceito de lugar parece já ter se libertado da conotação exclusivamente locacional. O vínculo do lugar com uma localidade – isto é, com certa posição no espaço – é ainda inquestionável (embora, mais tarde, mesmo isso vá começar a se alterar com o surpreendente desenvolvimento das realidades virtuais e do ciberespaço). Todavia, o acorde conceitual de "lugar", a partir dos anos de 1960, já passava a exibir outras notas características importantes, para além da mera ideia de localidade. Todo lugar, começava-se a enfatizar cada vez mais, tem o seu lado de dentro e o seu lado de fora (o seu entorno).

A relação deste lado de dentro (ou deste sítio) com o entorno ou com realidades mais distantes, a experiência humana que no interior desta relação se estabelece, os modos de ver o mundo que afloram quando se está em um lugar e não em outro, os mecanismos de identidade que se impõem de dentro de um lugar ou contra este mesmo lugar – tudo isso começa a compor um sentido mais complexo para esta pequena palavra com a qual estamos tão acostumados na vida cotidiana.

O lugar não é mais apenas um mero local, mas sim um mundo que coloca em jogo as suas próprias regras. Pode-se mesmo dizer que todos os lugares são pequenos mundos. Se o lugar pressupõe uma localização (mesmo o lugar virtual tem um endereço eletrônico), este traço está longe de ser o único relevante quando pensamos nos lugares. Ademais, podemos ter uma localidade – cartografável ou indicável no mapa – mas sem termos ainda um lugar. O local pode ser um mero ponto no mapa definido pelo encontro de

---

forma, o lugar é tratado em ampla complexidade, mas sempre como localidade (e não em suas implicações intersubjetivas).

185 É o caso, p. ex., de Fred Lukermann (1921-2009). Cf. LUKERMANN, 1964, p. 172.

um paralelo e um meridiano. Mas um lugar precisa ser nomeado, pressentido por alguém como dotado de uma singularidade. O lugar é o local que adquiriu visibilidade para alguém, porque investido de certos significados.

O lugar, assim, é o espaço ao qual foram agregados novos níveis ou camadas de sentidos. Conforme nossa própria terminologia, o lugar é o espaço objetivo sobre o qual se ergueu um acorde de subjetividades. De certo modo, o lugar é a quinta dimensão de qualquer poliacorde geográfico.

Por isso o geógrafo sino-americano Yi-Fu Tuan (n. 1930), em *Espaço e lugar: uma perspectiva humanista* (1979), ressalta que o lugar é "uma entidade única, um conjunto especial que tem história e significado, [...] uma realidade a ser esclarecida e compreendida sob a perspectiva das pessoas que lhe dão significado"[186]. O lugar, sobretudo, implica relações intersubjetivas que se integram a uma determinada objetividade. Em duas palavras, envolve *identidade* e *estabilidade*. Ambas as instâncias – a saber, de um lado a identificação, e de outro lado a dupla sensação de estabilidade que é simultaneamente assegurada por um forte sentimento de pertença e pela permanência objetiva do lugar no espaço e através do tempo – parecem produzir nas pessoas sensações diversas de apego ao ambiente construído ou natural[187].

A sensação de pertença ao lugar, através deste duplo entremeado de subjetividades que envolve simultaneamente a identificação com o lugar e a impressão de sua continuidade no espaço-tempo – pode atingir distintos níveis de amplitude, que vão da vizinhança ou do bairro à pequena localidade, daí à cidade ou à área rural e assim sucessivamente, até atingir lugares maiores como o estado, o país, o continente, o planeta! Todos estes são certamente lugares, os quais são investidos de diferentes tipos e níveis de afetividade, de intimidade, de sentir-se dentro.

Para nossos fins, entretanto, vamos falar apenas dos lugares que correspondem ao nível das pequenas localidades ou, quando muito, das unidades regionais construídas aquém ou abaixo do nível do Estado nacional (o estado, a província, a região produtora, e assim por diante). É deste lugar – deste pequeno ou médio lugar – que aqui falaremos.

O conceito mais complexo de "lugar" – com sua série de notas características das quais a identidade e a estabilidade são as mais salientes – coaduna-se

---

186 TUAN, 1979, p. 387.
187 Este é o tema central abordado em *Topofilia: um estudo da percepção, atitudes e valores do meio ambiente* (1974), uma das principais obras de Yi-Fu Tuan.

perfeitamente com o desenvolvimento da História Local nas últimas décadas. Se um dia os historiadores franceses, se quisermos nos ater mais exemplificativamente à historiografia daquele país, iniciaram suas monografias regionais a partir de um tratamento meramente técnico da localidade – pensando-a e repensando-a através das tradicionais regiões lablacheanas que pareciam dadas de uma vez por todas – com o tempo a História Local impôs cada vez mais a si mesma uma maior exigência de problematização. Os problemas constituem o lugar; não vão encontrá-lo como um cenário já montado.

A complexidade crescente da História Local – concomitante ao aprimoramento do conceito de "lugar" – implicou na já mencionada ultrapassagem dos meros limites administrativos de uma região definida politicamente. Assim, o lugar pode ser político, econômico, cultural. O fato de já estar bem consolidado na historiografia este campo claramente constituído como História Local não impede, diga-se de passagem, a sua combinação com quaisquer outras modalidades historiográficas. Assim, a História Local – ou uma pesquisa específica de História Local – pode ser combinada com a História Cultural, História Política, História Econômica, ou inúmeras outras modalidades que a ela podem se conectar para constituir um objeto ou problema em estudo. A modalidade da História Local converge e convive muito naturalmente com diversos outros tipos ou modalidades de História.

A este respeito, é oportuno lembrar mais uma vez algo que já ressaltei em outras ocasiões: todo trabalho historiográfico se produz, na verdade, no seio de uma interconexão de campos históricos[188]. Minha "história local" pode ser também uma "história oral" e uma "história política". Cada trabalho historiográfico conclama para si certa conexão de campos históricos, ou um determinado acorde de modalidades historiográficas.

Uma história, entre outros adjetivos, será uma História Local no momento em que o "local" torna-se central para a análise, não no sentido de que toda história deve fazer uma análise do local e tempo que contextualiza seus objetos (o que é pressuposto de toda História), mas no sentido de que o "local" se refere aqui a uma cultura ou política local, a uma singularidade regional, a uma prática que só se encontra aqui ou que aqui adquire conotações especiais a serem examinadas em primeiro plano. Pode-se dar ainda que, na História Local, o local se mostre como o próprio objeto de análise, ou então que se tenha em vista algum fator mais transversal à luz deste "local", desta "singularidade local".

---

188 BARROS, 2004, p. 20-21.

No quadro dos três grupos de critérios que podem ser destacados para entender a variedade de campos históricos – dimensões, abordagens e domínios temáticos – podem ser definidas como "abordagens" a História Local, a História Regional, e também a Micro-história. Temos aqui modalidades historiográficas que se delineiam a partir dos fazeres historiográficos postos em movimento pelo historiador. Com a História local, assim como ocorre com a Micro-história, o historiador trabalha de uma certa maneira: ele escolhe ou constitui criteriosamente um certo universo de observação.

Outro ponto importante deve ser considerado. O fato de que uma história possa ser compreendida como "História Local" não exclui a possibilidade de que esta mesma história se refira a uma totalidade. A História Local não é uma "história em migalhas", expressão que – ao ser utilizada por François Dosse (1987) em uma crítica contumaz à *Nouvelle Histoire* francesa – mais habitualmente se refere a uma espécie de fragmentação gratuita e desconectada, por vezes por oportunismo editorial, deste ou daquele objeto historiográfico. Tampouco é uma "história em migalhas" a Micro-história, esta outra modalidade que não raramente é confundida com a História Local. Guardemo-nos, portanto, de nos deixar enredar pela falácia de que a História Local, assim como a Micro-história, não é compatível com o projeto historiográfico de trabalhar com a categoria da totalidade[189].

25 Motivações centrais para a História Local

Um bom exemplo de História Local que se preocupa com os vínculos do "lugar" em relação a uma totalidade mais ampla, na historiografia brasileira, é o da obra *Homens livres na ordem escravocrata* (1964), na qual Maria Sylvia de Carvalho Franco[190] empreende uma cuidadosa pesquisa sobre a região do Vale do Paraíba – e ainda mais especificamente sobre a localidade de Guaratinguetá – a partir da qual lança luz sobre aspectos da História Social que até então haviam ficado invisíveis à historiografia tradicional ligada aos estudos de História Agrária.

---

189 Já mostrei que a "História local" surgiu na França acoplada ao projeto de não abrir mão da totalidade, e que Pierre Goubert chama atenção para o fato de que a emergência da História local dos anos de 1950 havia sido motivada precisamente por uma combinação entre o interesse em estudar uma maior amplitude social (e não mais apenas os indivíduos ilustres, como nas crônicas regionais do século XIX) e alguns métodos que permitiriam este estudo para regiões mais localizadas – mais particularmente as abordagens seriais e estatísticas (GOUBERT, 1992, p. 45).

190 FRANCO, 1964.

Ao estudar um tipo específico de trabalhador e de figura social que não é nem o escravo nem o senhor de latifúndio, mas sim o homem pobre e livre – categoria mais ampla que abriga tipos diversos como os tropeiros, viajantes, sitiantes, agregados e outros – a autora utiliza a região rural em estudo como um caminho para entender a realidade brasileira do século XIX de maneira mais rica.

Fontes até então não trabalhadas, como os processos criminais, são utilizadas habilmente pela autora para apreender aspectos de uma totalidade mais vasta, tais como as práticas relacionadas às relações interpessoais no seio das camadas populacionais livres e pobres, os modos como a política era vista e sentida pelos homens pertencentes a estes grupos, as relações de compadrio que podiam ser estabelecidas entre alguns destes homens e os fazendeiros mais ricos, ou ainda o complexo entremeado de violência e solidariedade que constitui a vida cotidiana destas comunidades caipiras.

Estes aspectos, ainda que característicos da sociedade local examinada, não estão excluídos de outros espaços no Brasil da mesma época. O lugar, desta maneira, permite iluminar uma sociedade mais ampla, uma totalidade. Ainda que estudando um lugar específico (Guaratinguetá) a autora transcende esse lugar, a ponto de ter contribuído significativamente para reformular a historiografia sobre trabalho e sociedade no século XIX. O lugar examinado por Maria Sylvia de Carvalho Franco, portanto, está longe de ser abordado como uma migalha, como o fragmento espaçotemporal que se examina por mera curiosidade. A região torna-se caminho – e não obstáculo – para se entender uma totalidade que a inclui. De igual maneira, um estudo regional como este pode ser útil para retornar a essa totalidade, agora de uma outra forma, e confrontar generalizações redutoras e abusivas ao mostrar uma diversificação de casos que frequentemente é encoberta pelos modelos generalistas[191].

A possibilidade, ou não, de se pensar uma relação do lugar abordado pela História Local com conjuntos maiores, que o transcendem (ou com totalidades que o integram), permite entrever quatro motivações básicas que podem levar ao estudo da História local. Estas motivações fundamentais, em separado, podem sinalizar para caminhos distintos no interior desta modali-

---

191 Apenas para dar um exemplo entre os estudos análogos, que então se seguem ao estudo de Maria Sylvia de Carvalho Franco, podemos lembrar o estudo desenvolvido em *Ao sul da história*, de Hebe Mattos, uma obra que examina os lavradores da região do Capivary com uma perspectiva similar, capaz de levar a reflexões mis amplas sobre o Brasil oitocentista (MATTOS, 1985).

dade historiográfica, mas elas podem ainda aparecer em combinações diversas em um mesmo trabalho historiográfico. Sintetizamos os quatro aspectos no esquema abaixo.

Quadro 13 Motivações para a História local

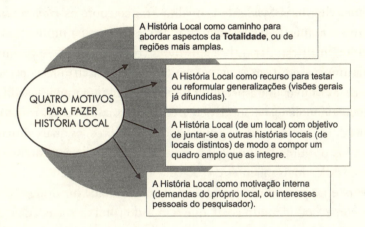

26 História Local e totalidade

O primeiro aspecto já foi ilustrado. Pode-se fazer História Local (investigar um lugar ou uma localidade no espaço e no tempo) com vistas a compreender uma totalidade mais ampla, uma questão transversal de largo alcance, ou uma região mais vasta na qual o lugar pode se ver inserido. Para simplificar, vamos assim definir estas três situações de totalidades que podem interagir com o lugar:

(1) *um tipo de sociedade* (capitalista, feudal, escravista);

(2) *um aspecto transversal* que atravessa o lugar, ao mesmo tempo em que traspassa inúmeros outros (as relações escravistas que atravessavam as diversas regiões do Brasil oitocentista);

(3) *uma região mais vasta* que abrange o lugar (país, continente, planeta).

Em todos e em cada um destes três casos, bem como nas suas combinações possíveis, temos totalidades que envolvem de uma maneira ou de outra o lugar (o local examinado pelo historiador). Pressupõe-se, então, que ao examinar um lugar – ou seja, ao se fazer História Local – podemos apreender algo também sobre a totalidade.

Uma das situações mais comuns é aquela em que estudamos o local para verificar um todo já conhecido ou malconhecido. Por exemplo, pode-se escolher examinar uma localidade no Brasil colonial, imperial ou republicano para entender aspectos que dizem respeito ao Brasil Colônia, ao Brasil Império ou ao Brasil República, vistos como totalidade mais ampla.

Já fornecemos, há alguns parágrafos atrás, um exemplo clássico para esse caso, o qual conquistou seu espaço definitivo na historiografia brasileira: o célebre livro de Maria Sylvia de Carvalho Franco sobre os *Homens livres na ordem escravocrata* (1964). Nessa obra é perceptível que a motivação central da autora era mais estudar os homens livres (pobres), do que a comunidade de Guaratinguetá, em si mesma. Na verdade, a autora manifesta claramente o desejo de examinar um aspecto da sociedade brasileira no século XIX – o entremeado de violência e solidariedade que se estabelece em torno de um grupo social, ou de um feixe de grupos sociais distintos, os quais vinham sendo ignorados por uma historiografia redutora que privilegiava quase exclusivamente os polos mais salientes da sociedade escravista: o senhor e o escravo. Franco expõe no próprio título o objeto de sua vontade historiográfica.

Por constatar, de modo geral, que o mundo rural da sociedade brasileira escravista não se reduzia a estes polos (o senhor e o escravo), e que as análises historiográficas vinham deixando frequentemente de lado um grande número de homens e mulheres que nem eram senhores, nem escravos, a autora assumiu a tarefa de chamar atenção para esta questão, estudá-la pioneiramente – lançar luz, com isso, para aspectos pouco estudados de uma complexidade social que terminava por ser empobrecida com a tradicional ênfase quase exclusiva nos senhores, nos escravos e na relação entre os dois grupos.

"E os homens pobres e livres?", pergunta a autora. Para estudá-los adequadamente, e propor ilações que depois poderiam ser estendidas ao Brasil como um todo, a autora decide examinar um local: Guaratinguetá. Este se mostra um caminho oportuno para atingir a área bem mais vasta que é o Brasil. Iluminando-se esse ponto – este "lugar" – também se pode iluminar, de alguma maneira, uma espacialidade muito mais vasta na qual este lugar se inclui[192].

---

[192] Mais tarde, teremos outra obra interessante, parcialmente na mesma direção dos *Homens livres e pobres*, de Maria Sylvia de Carvalho Franco (1964). Trata-se do livro *Arraia--miúda: um estudo sobre os não proprietários de escravos no Brasil*, de autoria de Iraci Del Nero Costa (1992). Aqui, a historiadora analisa os mesmos agregados, posseiros e sitiantes que constituem o universo de análise dos *Homens livres e pobres*, de Maria Sylvia de Carvalho Franco. Entrementes, vale-se agora de um combinado de quatro regiões (não exatamente sincrônicas) acessadas a partir de diferentes séries de documentos: os censos

Trata-se, enfim, de utilizar a localidade ou a região como patamar para produzir inflexões sobre uma realidade espacialmente mais ampla, como também seria possível partir de um estudo local sobre determinada categoria profissional para apreender aspectos que dizem respeito a esta categoria por toda parte, ou pelo menos em uma área bem maior do que o próprio local examinado.

De certo modo, quando a História Local apresenta ou é motivada por esta intenção de se concentrar em um lugar com vistas a atingir uma totalidade mais ampla – por exemplo, o homem livre e pobre de Guaratinguetá para alcançar o brasileiro livre e pobre de todas as localidades em alguns aspectos que lhes são comuns – ela se toca com a Micro-história. Existem possibilidades bem-definidas de combinar História local – o estudo de um lugar – com a Micro-história (a escala ampliada, a análise densa das fontes, a atenção ao detalhe). Mas depois falaremos disso.

27 A História Local diante das generalizações

O uso do lugar (da História Local) como caminho para o mais amplo também pode ser instrumentalizado como meio eficaz para testar grandes teorias e generalizações acerca de uma realidade ou referência mais vasta – o Brasil ou o sistema escravista, por exemplo – de modo a verificar se teoria ou a perspectiva que vinha sendo proposta ou adotada pela comunidade de cientistas sociais se aplica mesmo ou se precisa de reajustes.

Momentos de especial florescimento para a História Local são aqueles em que certos modelos teóricos muito generalizantes parecem dar sinais de fragilidade, ou nos quais, ao contrário, os modelos generalizantes atingiram uma perigosa e estagnada posição a partir da qual não são mais questionados (a velha ameaça de o rio que corre se transformar em água parada). Nesses momentos surge a vontade historiográfica de questionar os modelos existentes, de colocá-los em xeque, de verificar se eles funcionam ou se precisam ser retificados – de fornecer elementos novos para que eles possam continuar existindo, ou então para que os velhos modelos pereçam em paz sem que as suas carcaças atrapalhem o livre-fluir da historiografia.

---

das províncias de São Paulo e Minas Gerais no século XVIII e início do século seguinte; duas freguesias da Bahia (fins do século XVII) e uma região no Piauí. A experiência, aqui, é a de multiplicar o número de análises locais que permitiriam projetar inflexões sobre a totalidade.

No entreguerras e no segundo pós-guerra, por exemplo, era o próprio modelo da tradicional historiografia nacionalista que já vinha sendo questionado. A história baseada exclusivamente na unidade nacional parecera a muitos historiadores a contraface de um desastroso jogo de nacionalismos políticos e belicosos ao qual já tinham assistindo em pelo menos duas oportunidades, pela primeira vez em escala continental e mesmo atlântica.

Um pouco por isso surgiram novas tendências historiográficas que passaram a privilegiar os patamares de observação mais amplos, capazes de transcender e transbordar o nível nacional (História Comparada, História das Civilizações), como também uma modalidade que direcionava sua atenção para unidades aquém do nacional. A História Local francesa dos anos de 1950, por exemplo, assim como a Geo-história braudeliana de nível transcontinental, são exemplos respectivos do olhar curto e do olhar longo que rompem com a escala nacional. Quando se muda o ângulo ou o patamar de observação, coisas que até então haviam passado despercebidas podem saltar à vista.

Acontece também, como dizíamos atrás, com as grandes teorias. Quando elas se transformam em doutrinas, em modelos que já não são questionados – ou, então, quando elas se transfiguram em grandes encouraçados que, a despeito ou por causa de seu tamanho, começam a "fazer água" por todos os lados, soa a hora historiográfica de checar os grandes modelos, de passá-los em revista, de "cutucá-los com vara mais curta".

Os grandes modelos explicativos são úteis (quando não são nocivos), mas eles precisam ser testados. Na historiografia, não foram raros os momentos em que as ondas de História Local contribuíram para banhar os mais duros rochedos teóricos, trazendo-lhes vida onde era possível, quebrando-os onde fosse necessário. Trago a seguir o exemplo da resistência aos modelos que, em certo momento da história da historiografia brasileira, tinham passado a explicar o pacto colonial e o sistema econômico sob a ótica de uma dinâmica linear polarizada pela Colônia e pela Metrópole nas realidades coloniais portuguesa e hispânica.

Historiadores diversos, interessados em apreender a economia colonial brasileira, haviam elaborado quadros de análise bem generalizantes, os quais se apoiavam em um modelo explicativo que preconizava a presença, em todo território colonial, da monocultura agroexportadora direcionada única ou preponderantemente para o mercado externo. Nesse modelo, o escravo desempenhava um papel bastante específico no seio da *plantation*, um tipo de unidade produtiva que se fazia acompanhar por uma sociedade hierarquizada que parecia favorecer uma visão dicotomizada acerca das posições diametralmente opostas entre senhores e escravos.

Aqui será oportuno evocar uma outra relação interdisciplinar importante, aquela que coloca em interação História e Economia. Os conceitos de escala e de lugar também se aplicam a esta interdisciplinaridade. Existe certamente a Economia do grande e a do pequeno espaço, embora seja possível, e na verdade necessário, discutir também a articulação entre estes dois níveis de análise.

O grande espaço nacional do Brasil – em relação aos diferentes contextos econômicos, sociais e políticos proporcionados pelos diversos períodos históricos – já vinha sendo bem estudado e discutido por muitos historiadores, sociólogos e economistas. Para o estudo do período colonial, haviam sido elaborados pela historiografia diversos modelos explicativos através de uma longa linha de contribuições que visavam o pleno esclarecimento da história econômica brasileira como uma totalidade – ambição típica de uma historiografia que vinha desde Caio Prado Jr. nos anos de 1930 até chegar a historiadores como Ciro Flamarion Cardoso (1973) e Jacob Gorender (1978) em tempos mais recentes[193]. As produções clássicas de Gilberto Freyre (1933) e Sérgio Buarque de Holanda (1936), embora mais diversificadas em seus interesses para além do esclarecimento da estrutura econômica, também não contestavam o modelo mais geral, que resumiremos mais adiante. Vale lembrar, ainda, no clímax final desta grande linhagem de modelos explicativos generalizantes, o clássico livro de Fernando Novaes sobre *Portugal e Brasil na crise do Antigo Sistema Colonial* (1979).

Estes livros notáveis ofereceram por muito tempo grandes modelos explicativos para a história do Brasil no período colonial, constituindo obras admiráveis por sua abrangência e pela sua coragem em enfrentar uma espacialidade muito ampla em busca de um modelo teórico que a explicasse. Com eles, esta parte da história nacional encontrava pela primeira vez uma explicação vigorosa, ampla, produzida pelos nossos próprios historiadores. Basicamente, os modelos explicativos procuravam estabelecer uma leitura de escala em nível nacional (ou melhor, relativa à totalidade do território do

---

193 Os três autores, ligados ao paradigma do Materialismo histórico, empenharam-se em definir o sistema escravista no Brasil e nas Américas como um modo de produção específico. Cardoso e Gorender o chamam de Modo Escravista Colonial.

Brasil-Colônia), na qual a América portuguesa era retratada como colônia mercantilista que – através de uma rede de unidades estruturadas como latifúndios escravistas[194] – produzia para a exportação em favor da acumulação do capital externo. Tudo o mais, se havia, ficava invisível nessas análises, ou, ao menos, era relegado ao segundo plano.

Esse conjunto de teorias sobre o período colonial-escravista (ou imperial-escravista, para incluir o período seguinte), implica uma perspectiva própria de espaço. Se há de relevante apenas uma linha de comunicação entre Colônia e Metrópole, através da qual todas as partes do sistema devem se voltar diretamente para o centro metropolitano que se beneficia da extração das riquezas coloniais, então as comunicações das partes entre si inexistem historicamente ou se tornam irrelevantes.

O modelo espacial daí decorrente, conforme observam criticamente muitos geógrafos e economistas, seria simplificável em uma forma que alguns autores denominam "espaço-arquipélago"[195]. Nesta forma espacial parecem inexistir os espaços inter-regionais: as suas vias de comunicação se invisibilizam porque não são mais necessárias à explicação histórica, ou então são supostas como irrelevantes para o modelo econômico. No caso, as partes da colônia comunicam-se direto com a Metrópole e com ela promovem seus intercâmbios, em favor da última. O modelo espacial proposto pode ser esquematizado conforme a figura abaixo:

Quadro 14 O Espaço-arquipélago

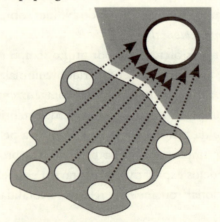

---

194 A *plantation* era a um só tempo uma fazenda que visava o cultivo do produto, e um engenho que assegurava o seu beneficiamento no próprio local.
195 Cf. MOREIRA, 2014a, p. 63; CASTRO, 1980.

No modelo estabelecido pela imagem do "espaço-arquipélago" existem dois grandes polos: de um lado, uma grande massa partilhada por pontos menores pode ser esquematizável como um conjunto de ilhas que reportam, cada uma delas, a um ponto maior e central no continente, o qual constitui o outro polo da representação espacial. O mar que cerca cada ilha – e que ao mesmo tempo as separa uma da outra e as une em um destino comum – desautoriza a formação de uma rede de trocas e de comunicação entre elas. Existem, sim, grandes linhas diretas de navegação (ou de comunicação) entre o grande continente e cada uma das ilhas, mas elas, entre si, não se comunicam de modo algum, ou então o fazem de modo totalmente irrelevante.

As ilhas, assim, não se mostram recobertas por uma rede visível de rotas no interior do arquipélago. Se uma delas possuísse algum item a ser enviado para outra, precisaria passar primeiro pelo ponto central no continente. O modelo ignora as possibilidades de ligações das partes entre si, supondo que cada qual seguirá a norma de se comunicar apenas com o ponto central. De igual modo, o arquipélago não se comunica com outros arquipélagos (o arquipélago colonial português não estabelece vias de ligação com o arquipélago colonial hispânico). Enfim, desaparecem todas ligações internas que poderiam existir, e os espaços de proximidade entre os arquipélagos vizinhos são simplesmente ignorados. Em nossa já referida metáfora musical (primeira parte deste livro), este modelo monódico corresponde à redução de toda uma sinfonia a um mero canto gregoriano.

Quadro 15 A realidade oculta sob o Espaço-arquipélago

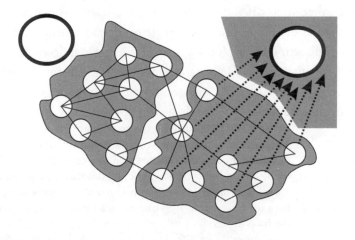

A realidade histórica, todavia, é complexa. No período considerado, existiam, por exemplo, intensos intercâmbios em áreas de fronteira como as que punham em contato o Rio Grande do Sul e as colônias hispânicas da região do Prata, da mesma forma que as áreas do Oeste se comunicavam com as colônias hispânicas que lhes ficavam próximas. Mas o principal é que havia uma grande diversidade de intercâmbios possíveis ente as áreas internas à própria América Portuguesa. Contudo, todas estas múltiplas ligações, ao lado de uma grande dinâmica interna, são ignoradas no modelo simplificado de ligação das áreas coloniais com a Metrópole. Pode-se dizer que o modelo só considera relevante um único fluxo, desprezando todos os demais.

Já nem mencionaremos o aspecto da diversidade da produção, ainda mais crítico. Ao priorizar a *plantation* – unidade de produção e trabalho que se torna nuclear para as relações agroexportadoras – o modelo praticamente mergulha na sombra ou penumbra as demais formas produtivas, inclusive aquelas que são muito específicas de certas áreas internas. É importante lembrar ainda que a imagem do "espaço-arquipélago", e sua rejeição crítica, tanto pode ser empregada para chamar atenção para as análises que isolam as pequenas regiões umas das outras (as diferentes porções do espaço que nomeamos como regiões ou localidades), como também pode ser evocada com referência à separação radical de uma economia em esferas funcionais que não se comunicam (a agricultura do café ou do açúcar, a extração mineral, o extrativismo vegetal, e assim por diante).

Há análises que reconhecem o mosaico de regiões que recobrem o espaço colonial e que as transformam, a cada uma delas, em ilhas; e há análises que reconhecem as diferentes esferas de produção – as macroformas que correspondem às diferentes modalidades de produção e de ambientes –, mas que também podem tratá-las (ou não) como ilhas. De todo modo, é sempre importante ter em vista a espacialidade gerada pelas macroformas produtivas. Para o recorte que nos interessa, registremos a descrição geográfica elaborada por Ruy Moreira para este período da história brasileira:

> Ao longo da faixa costeira, em geral ao abrigo de baías e estuários, alojam-se as diminutas porções do espaço urbano, cidades-portos que abrigam os aparelhos de Estado da coroa e da colônia. Ao seu redor estende-se o espaço agrícola, descontínuo igualmente, que abriga as *plantations* e as policulturas de subsistência. Contorna-o um grande arco que avança ilimitadamente pela hinterlândia o espaço pastoril, incorporando aqui e ali ao seu tecido a policultura de resistência e os centros de mineração. Embutidos

no tecido do espaço pastoril sob forma de "nebulosas de núcleos de mineradores", no dizer de Caio Prado Jr., dispersas e distanciadas umas das outras, temos o espaço minerador. Nos limites territoriais da longa fronteira norte, por fim, fica o espaço extrativo vegetal amazônico[196].

Essa leitura atenta aos grandes espaços da produção – os quais em algumas áreas mostram-se acordicamente entremeados, e que constituem um mapa diversificado das modalidades produtivas – deve amparar uma análise inicial à qual não se furtaram, é preciso reconhecer, os grandes teorizadores do modelo escravista-colonial. Daí para diante, por outro lado, cada teoria procura enfatizar aquilo que considera relevante. Podem ser criadas zonas de sombra e de penumbra, conforme esta ou aquela análise, assim como podem ser iluminados certos aspectos, e não outros. Pode-se, ainda, entender a economia nos termos de um "produto rei" que predomina sobre os outros[197].

Retornemos, por ora, aos grandes modelos explicativos sobre a economia colonial brasileira que se tornaram predominantes até a década de 1970, e mesmo além. Antes de prosseguirmos, e para honrar a cuidadosa pesquisa por eles empreendida, é importante ressaltar que alguns dos autores que propuseram o modelo generalizante de explicação para a colônia escravista-plantacionista, como foi o caso de Jacob Gorender (2002), não deixaram de reconhecer a existência significativa de unidades não plantacionistas.

O que eles propunham, contudo, é que essas unidades produtoras de outros tipos (as outras áreas econômicas, p. ex.) passaram a girar em torno da economia da *plantation*, e mesmo a se modelar em função dela. De igual maneira, os modelos generalistas sustentavam que o trabalho escravo se irradiava de modo geral pela sociedade, aspecto que se amparava em uma análise que tende a eclipsar os outros tipos de trabalhadores, como aqueles homens pobres e livres estudados na já discutida pesquisa de Maria Sylvia de Carvalho Franco (1964). Por fim, o ritmo interno da economia colonial afina-se – como se estivéssemos diante de uma bem-ensaiada sinfonia – com o ritmo externo da economia europeia, uma vez que, fundamentalmente, é a relação do conjunto de *plantations* com a Metrópole quem comanda todo o sistema.

A crítica a esse modelo simplificador e generalizante que, durante tantos anos, hierarquizou a *plantation* escravista-exportadora como a única moda-

---

196 MOREIRA, 2014a, p. 64.

197 MOREIRA, 2002.

lidade relevante de produção – desmotivando inclusive o estudo de outros aspectos da sociedade colonial – não tardaria a se afirmar cada vez mais sistematicamente na historiografia brasileira.

Com o desenvolvimento de uma cada vez mais diversificada historiografia trazida por uma crescente população de historiadores profissionais, portadores de novos olhares e novos métodos, estes impecáveis modelos explicativos terminaram, a certa altura, por se confrontar com limites que só conseguiriam ser contornados pelas teses brasileiras de pós-graduação que começaram a surgir nas últimas décadas do século XX, boa parte delas voltadas para o estudo das realidades locais dos períodos colonial e imperial.

As investigações históricas em nível local ou regional, espalhadas pelo Brasil historiográfico de a partir dos anos de 1980 ou mesmo antes, permitiram que fossem verificados mais sistematicamente inúmeros fatores significativos que caracterizavam a sociedade brasileira colonial ou imperial. Entre estes, podemos lembrar algumas temáticas e problemas que tinham ficado à penumbra na anterior historiografia de escala nacional: a importância do mercado interno, a eventual diversificação de culturas agrícolas, o papel dos homens livres e pobres na economia e na sociedade escravocrata, as estratégias de negociação dos escravos no interior da sociedade que os oprimia e do sistema econômico que os incorporava como força de trabalho[198].

As temáticas acima citadas haviam sido relegadas ao segundo plano na busca pelos modelos explicativos monódicos e generalizantes, válidos para todo o território colonial brasileiro, mas agora os novos historiadores atiravam-se avidamente a elas, como conquistadores ávidos por descobrir mares novos.

Assim que começaram a ser realizadas, estas mesmas dissertações e teses também passariam a revelar toda uma diversidade inter-regional que os

---

[198] Neste momento, estamos mais interessados nas críticas aos modelos explicativos de nível nacional que puderam ser encaminhadas pelo desenvolvimento de uma historiografia local e regional sobre o Brasil-Colônia. Entrementes, já ressaltamos que, em todos os momentos em que ocorre uma estagnação em algum nível de análise, as leituras em níveis de escala mais abaixo ou mais acima tornam-se importantes fontes de renovação. Um exemplo de análise renovadora em nível de abrangência mais amplo que o nacional foi trazida, ainda 1969, pelo historiador britânico Charles Boxer (1904-2000). Em *O Império Colonial Português* (1415-1825), ele contribui para libertar a leitura do Brasil-Colônia da dicotomia linear Portugal-Brasil (Metrópole-Colônia), ao inserir a América Portuguesa nos quadros mais amplos do Império Colonial Português. Enquanto isso, Russel-Wood (1940-2010), um pouco mais tarde (1977), combinou a análise de nível local realizada em torno da Câmara Municipal de Vila Rica (século XVIII), e uma análise de nível imperial convergente, de modo a ultrapassar as limitações da análise de nível nacional.

grandes modelos econômicos explicativos nem sempre previam, ou que de certo modo deixavam escapar. De um lado, as regiões e localidades davam mostras de possuírem cada qual as suas especificidades, ao mesmo tempo em que as relações recíprocas entre estas diversas regiões também geravam as suas próprias especificidades. No conjunto maior, o do país, toda esta diversidade também pulsava intensamente sob o quadro aparentemente dicotômico que opunha a Colônia e a Metrópole.

Nesta lavra de pesquisas que concentraram na região um olhar capaz de retificar as leituras vigentes sobre a realidade nacional – e a menção de obras aqui tem apenas valor exemplificativo – estão importantes trabalhos sobre a economia brasileira do período colonial. Para a presente discussão, eles interessam porque foram pesquisas voltadas para a localidade ou para regiões construídas em um nível mais amplo (mas nunca o país inteiro). Entre estes novos trabalhos – locais ou regionais –, citaremos a obra de Kátia Mattoso intitulada *Bahia: a cidade de Salvador e seu mercado no século XIX* (1978), bem como a de Douglas Libby, *Transformação e trabalho em uma economia escravista – Minas no século XIX* (1988).

Vejamos, por ora, e apenas a título de exemplo, outra obra que representa um marco bem importante para a historiografia econômica brasileira mais recente: o estudo de João Fragoso intitulado *Homens de grossa aventura – acumulação e hierarquia na praça mercantil do Rio de Janeiro, 1790-1830* (1998). Investigações como esta – assim como a de Kátia Mattoso sobre a cidade de Salvador e muitas outras que poderiam ser citadas – permitiram precisamente à nova historiografia econômica brasileira apreender aquilo que habitualmente ficava de fora nos tradicionais modelos de análise. Estes, como já ressaltamos, eram modelos ao mesmo tempo generalizantes e simplificadores. Tanto insistiam em enxergar todas as relações econômicas sob a perspectiva exclusiva da polarização colônia-metrópole, como também tendiam a avaliar todas as relações sociais no interior do binômio senhor/escravo.

Pesquisas como a de João Fragoso sobre os *Homens de grossa aventura* (1998), ao lado de muitas outras que poderiam ser mencionadas, mostram que foi com as investigações historiográficas de âmbito local ou regional – frequentemente aliadas a uma História Serial que passou a examinar de forma sistemática amplas séries documentais – que se tornou possível apreender os diversos ritmos internos da economia colonial, suas assincronias em relação ao mercado internacional, suas diversidades regionais, e, ainda, suas complexidades irredutíveis ao já desgastado e generalizador modelo que procurava retratar a economia colonial brasileira como um sistema exclusivamente escravista e agroexportador, diretamente dependente dos centros europeus.

Visando examinar as formas de acumulação que perpassam a economia colonial brasileira em fins do século XVIII e primeiras décadas do século XIX, João Fragoso elege como *locus* privilegiado de observação o funcionamento do mercado do Rio de Janeiro. A escolha de um mercado, de um lugar específico, é o que permite abraçar um universo mais extenso de fontes, trabalhado serialmente. Documentação portuária, escrituras de compra e venda, inventários e testamentos foram abordados em uma análise entrecruzada de séries com a qual se propõe partir do local para colocar em xeque as análises globais até então predominantes na historiografia brasileira sobre o período.

O que se empreende nesta obra é mais uma das contribuições à vigorosa crítica historiográfica em relação aos antigos modelos explicativos da economia colonial, alcançada agora através da exposição de uma série de novas complexidades que se tornam bastante claras a partir de uma pesquisa empírica amparada em análises seriais de uma vasta documentação. A combinação da vastidão documental, articulada em séries cruzadas, com a concentração atenta a um local, é o que permite esta empresa historiográfica. Sua filosofia de trabalho: a perspectiva de que o local pode contribuir efetivamente para corrigir os desvios, deformações e impropriedades das análises globais que se furtaram, pelo menos em algum momento, ao mergulho intensivo em alguma documentação concentrada regionalmente. A crítica à águia, feita pelo mergulhão-de-crista.

A primeira complexidade a ser examinada é a de que a economia colonial brasileira apresenta através dos números levantados um complexo jogo de ajuste e desajuste em relação ao ciclo econômico internacional. Ao invés de uma economia atrelada ao ritmo internacional, o autor vem mostrar que – ainda que esta sintonia se expresse em muitas oportunidades – a economia colonial brasileira também tinha seus ritmos próprios. A consciência de que os ritmos coloniais não se ajustam inteiramente e em todos os momentos às tendências internacionais já vinha sendo expressa através das pesquisas de Kátia Mattoso, que examinara através de uma sistemática metodologia quantitativa os preços na Bahia do mesmo período, demonstrando seu comportamento de acordo com ritmos próprios[199]. Assim, enquanto os preços

---

199 MATTOSO, 1973, p. 167-182.

europeus haviam sofrido uma inflexão geral "para cima" entre 1810 e 1815, até atingir neste ano a crise mundial que inaugura uma fase depressiva, esta inflexão só ocorreria na Bahia a partir de 1822.

O objetivo de Fragoso é análogo: demonstrar que também o Rio de Janeiro tinha seus ritmos próprios. O recorte da pesquisa situa-se no enquadramento de um "ciclo de Kondratieff" que tem uma "fase A" positiva entre 1792 e 1815, e uma fase negativa (B) entre 1815 e 1850[200]. Contudo, se por um lado verifica-se a sintonia entre uma expansão econômica brasileira e a ampliação do comércio no plano internacional, já para o período seguinte (a fase B) esta sintonia não se verifica. Entre 1815 e 1817, ocorre uma crise mundial que se expressaria sob a forma de uma depressão econômica até 1850, afetando diretamente os preços do açúcar e do algodão. Conforme a interpretação clássica, a montagem da economia cafeeira apresenta-se como uma resposta ao declínio destes produtos e à conjuntura econômica internacional desfavorável.

O modelo confrontado e criticado pelo autor (e mais especificamente considerando o contexto específico das transformações que se dão na passagem do século XVIII para o século XIX) é o da economia colonial exclusivamente fundada na monocultura exportadora, destinada a fornecer excedentes para as economias centrais europeias.

Segundo este modelo, não haveria lugar na colônia para um mercado interno suprido por produções locais – ou, ao menos, um mercado interno não teria maior importância nesse sistema – nem haveria grandes possibilidades de acumulações endógenas, a não da parte dos plantacionistas que intermediavam a relação econômica principal entre a Metrópole e a Colônia. Tampouco o sistema poderia comportar ritmos econômicos próprios, desvinculados das economias que dominavam o mercado internacional[201].

Entrementes, são precisamente estes aspectos que João Fragoso verifica a partir da realidade local por ele examinada, mostrando, por exemplo, que

---

200 Os ciclos Kondratieff – com suas fases de prosperidade e depressão – teriam durações entre 40 a 60 anos para cada repetição. A obra que os discute mais diretamente – *As longas ondas da conjuntura* – foi escrita por Kondratieff em 1926, examinando a série maior de ciclos entre 1790 e 1920 com referência às variações de preços em três países: Estados Unidos, França e Inglaterra. Schumpeter e outros economistas aperfeiçoaram este instrumento de análise, introduzindo novos fatores de complexidade, incluindo autores marxistas como Ernest Mandel.
201 FRAGOSO, 1998, p. 16-17.

o comportamento da economia colonial não pode ser medido apenas pelo seu desempenho do setor exportador. Assim, contra uma queda de preços de produtos ligados ao setor exportador, como o açúcar branco, João Fragoso demonstra uma realidade bem diferente relativa aos produtos coloniais de abastecimento que desembarcam no porto do Rio de Janeiro[202].

Sintetizando a questão, o mercado interno colonial produz os seus próprios ritmos, os quais interagem de muitas maneiras com os ritmos ditados pelo mercado internacional, respondendo ou resistindo a eles. O mercado interno é uma realidade efetiva. Conforme as palavras de Fragoso, "a economia colonial é um pouco mais complexa do que uma *plantation* escravista, submetida aos sabores das conjunturas internacionais"[203]. Na verdade, a pesquisa realizada demonstra que o mercado interno teria então se tornado até mesmo central, adquirindo a capacidade de impulsionar a economia, mais ainda do que as unidades produtivas exportadoras.

Ao lado disso, demonstra-se que as regiões e localidades tinham as suas singularidades próprias. No Rio de Janeiro, região estudada pelo autor, os chamados Homens de Grossa Aventura, que dão o título à obra e que eram os comerciantes voltados tanto para o mercado interno como para o mercado externo, constituíam o grupo social mais bem-sucedido, de maior influência política e de maior poder social. Os homens de grossa aventura se elevam, através do mundo dos negócios, acima dos tradicionais proprietários de terras e de escravos.

É todo um antigo modelo interpretativo, simplificador, que aqui se questiona. Mais ainda, diante da verificação empírica de uma flexibilidade da economia colonial que a permite confrontar-se à queda de preços internacionais e à retração da exportação, Fragoso identifica a possibilidade de realização de acumulações endógenas no espaço colonial, um dos objetivos centrais de seu estudo. Questionam-se, também, as postuladas relações de estrita dependência que, segundo antigos modelos explicativos, estariam presentes nas relações da economia colonial com a Metrópole.

Nosso objetivo, ao trazer o exemplo desta obra, não foi o de analisar seu mérito ou de nos situarmos diante do debate, com posição a favor de um ou outro lado. Almejamos apenas mostrar como a análise do local ou da região pode ensejar novas leituras para antigos problemas. Vale ressaltar, por outro

---
202 Ibid., p. 20.
203 Ibid., p. 21.

lado, que a investigação de Fragoso se refere mais especificamente à virada do século XVIII para o século XIX – um período de crise do antigo sistema colonial. Para os três séculos anteriores de colonização da América Portuguesa, o modelo de análise econômica proposto por Caio Prado Jr. (1942) e seguido de perto por Celso Furtado (1961) e Fernando Novais (1979) conservaria considerável poder explicativo, ou deveria ser confrontado em outras bases (novos mergulhos em um outro espaço-tempo).

Existe, por isso mesmo, a crítica a um aspecto da análise de João Fragoso como mais um erro de generalização (uma nova generalização!), uma vez que o autor parece sugerir que suas conclusões sobre o predomínio do capital mercantil e do mercado interno na realidade colonial seriam extensíveis a toda a história colonial, quando na verdade a pesquisa estabelece seu marco em 1790, um momento que introduz uma nova conjuntura na história da colônia. Conforme esta crítica, ler toda a história do Brasil durante o período colonial a partir dos dados desta pesquisa que tem seus limites tão bem-definidos, e formular inflexões destinadas a corrigir um antigo modelo global substituindo-o por novas generalizações, seria deixar inadvertidamente que se aninhe na análise o famoso cuco historiográfico do anacronismo: a impropriedade de se tecer considerações para um período com base em dados somente aplicáveis para um período subsequente.

De todo modo, as obras de João Fragoso e Kátia Mattoso foram aqui evocadas apenas como suporte exemplificativo. Outras investigações, ao confirmarem que a expansão do mercado interno brasileiro podia ser generalizável como fenômeno, dariam também a perceber que esta expansão é desigual nas diversas colônias. Temos, então, modelos retificando modelos. A historiografia se move. Como o rio que corre, recusando-se a se converter em um mero sulco de águas paradas[204].

Todo o vasto conjunto de pesquisas locais que abordaram o aspecto econômico do Brasil escravista, e que constitui apenas uma entre tantas temáticas que poderiam nos servir para exemplificação, constituem sintomas claros da revitalização – a partir de uma atenção especial ao local – de uma

---

204 Ocorreram também réplicas direcionadas contra as críticas de João Fragoso e outros historiadores do mesmo circuito com relação ao antigo modelo de compreensão da economia do Escravismo colonial. Vale lembrar que, após a primeira edição de *Arcaísmo como projeto*, lançada pela Editora Diadorim, essa obra de João Fragoso e Manolo Florentino foi lançada pela Civilização Brasileira (2003), já trazendo modificações substantivas e que já resultaram de algumas críticas recebidas pelos autores.

historiografia brasileira que expressa a vontade historiográfica de se libertar de modelos fechados e irredutíveis.

Assim como no Brasil, em diversos países ocorreram movimentos similares na historiografia. Muitos dos antigos modelos explicativos que antes buscavam dar conta da totalidade da economia em nível nacional, e que, nesta operação, apoiavam-se em generalizações por vezes abusivas, começaram a ser confrontados através da realização de trabalhos empíricos realizados ao nível regional, os quais obrigaram a sérias revisões relativamente aos modelos generalizantes que antes vinham sendo admitidos sem contestação.

Quero acrescentar uma última leitura do problema, que servirá de balanço final, com base na categoria desenvolvida na primeira parte deste livro: a do acorde. O Brasil-Colônia era certamente uma realidade complexa. Podemos considerá-la, metaforicamente, um poliacorde (um acorde com muitos andares, cada qual formado por outros acordes). Vou considerar, nesta interação acórdica, o acorde econômico, o acorde social e o acorde espacial. A meu ver, as análises generalistas e mais simplificadoras – em que pese o fato de terem proporcionado uma leitura proveitosa e mais fácil de certos aspectos – desprezaram, no conjunto, algumas notas importantes do acorde.

No acorde social vimos que algumas análises da historiografia mais generalista praticamente só consideraram relevantes duas notas ou patamares: a base e o topo. Vale dizer, senhores e escravos. Por isso, surgiram pesquisas como a de Maria Sylvia de Carvalho Franco (1964), já discutida, voltadas para enfatizar algumas notas importantes do acorde social que haviam sido negligenciadas, e que correspondem aos homens livres e pobres. O acorde social formado só pelos senhores e escravos é um acorde oco, com lacunas relativas a diversas vozes sociais que foram invisibilizadas, ou que se tornaram inaudíveis. Escutar as outras vozes que soam de dentro desta complexa sociedade é também importante.

No acorde econômico vimos em algumas teorias mais generalizantes a visibilidade exclusiva atribuída ao pacto colonial, o qual unia em uma prática integrada as unidades monocultoras e o centro metropolitano. Trata-se de um intervalo certamente importante (o intervalo, na Música, é uma relação entre duas notas). O acorde econômico do Brasil-Colônia, contudo, não se reduzia apenas a estas duas notas, por mais importantes que tenham sido, ou mesmo as mais importantes. Uma nota crucial, conforme vimos, a qual adquire maior destaque a certo momento, era o chamado "mercado interno".

Este não pode deixar de ser escutado, sob o risco de não percebermos a música toda. Minimizar o mercado interno é deixar de dar a perceber um fluxo importante da espacialidade colonial.

Por fim, temos o acorde espacial. Considerar apenas duas notas do acorde social – o senhor e o escravo – e, ao lado disso, apenas o intervalo econômico estabelecido entre as *plantations* monocultoras exportadoras e a Metrópole, leva à percepção parcial do espaço. Para o período de predomínio da monocultura do açúcar, uma tal análise deixa ecoar principalmente a espacialidade do litoral nordestino. Para o período do café, a análise generalizante faz ressoar o sudeste cafeeiro. Durante todo o período colonial e imperial, entretanto, espacialidades variadas tiveram o seu lugar. Do sertão aos pampas, do pantanal às zonas portuárias, o acorde espacial do Brasil colonial e imperial apresenta e abriga uma realidade múltipla na qual as suas partes se relacionam através de fluxos diversos – comerciais, migratórios, culturais. Estes espaços acolhem uma sociedade diversificada, uma variedade humana importante que se integra a atividades econômicas várias e na qual se entretecem contribuições culturais diversificadas. Pensar acordicamente é pensar simultaneamente a totalidade e a complexidade.

28 O estudo do lugar em si mesmo

Se a História Local ou a História Regional podem trazer benefícios tanto para a crítica contra as grandes generalizações já em voga, como para a possibilidade de se pensar novos modelos gerais a partir dos aspectos estudados em nível local, é inquestionável que muitas das motivações para se escrever História local decorrem da necessidade de preencher lacunas historiográficas ou de atender a demandas internas. As duas linhas de motivação são próximas e podem ser discutidas em conjunto.

Não é raro que os trabalhos de História Local se enquadrem, ou que mesmo sejam suscitados, no interesse do progresso contínuo dos grandes painéis historiográficos. Estuda-se a região ou a localidade, em muitos casos, porque ela ainda não foi estudada, ou porque foi pouco estudada, ou ainda porque – embora já muito estudada – não foi examinada no que concerne a algum aspecto em especial. As investigações de História Local, enfim, também podem visar o preenchimento de lacunas. Assim como a História procura recobrir todos os recortes de tempo possível, não é de se estranhar que a historiografia também almeje cobrir todos os espaços imagináveis e, dentro dos mesmos espaços, todos os problemas possíveis.

Por vezes, existem projetos historiográficos mais amplos, financiados ou apoiados por instituições de pesquisa, nos quais um meticuloso xadrez de localidades é sistematicamente estudado por pesquisadores diversos, cumprindo notar que projetos como estes se unem em uma perspectiva mais ampla com outros, de modo a configurar uma grande divisão de tarefas na comunidade de historiadores. Realiza-se, através da História Local – e do estudo de todas as localidades possíveis – a premissa de que "Tudo é História". Para a História Local, todos os lugares têm a sua história, e essa história merece ou precisa ser contada.

As demandas dos vários locais para que se escrevam as suas histórias é infinda, e só isso já assegura à História Local um lugar definitivo na Historiografia. É importante lembrar que, caso a historiografia profissional não se ocupasse da História Local, estas demandas continuariam a ser preenchidas por cronistas modernos e historiadores diletantes, por vezes sem a devida formação teórico-metodológica.

29 Combates contra a falácia da região dada previamente

Reconhecidas as grandes linhas de motivação que podem presidir à escolha da História Local como caminho ou como fim em si mesmo, podemos retornar a um aspecto teórico-metodológico de vital importância, ao qual já nos referimos no item no qual abordamos o surgimento da História Local nos anos de 1950.

A História Local a cargo de verdadeiros historiadores impõe que nos previnamos de nos enredar em uma nova falácia. Conforme já vimos, nenhuma "localidade", "região", ou "área" – se quisermos empregar uma terceira expressão – está dada previamente. Não devem existir, para o historiador, regiões que se imponham a ele como espaços já dados de antemão.

Já vimos que a região ou a localidade dos historiadores não é a localidade dos políticos de hoje, ou da geografia física, ou da rede de sítios administrativos em que foi dividido o país, o estado ou o município. Toda região ou localidade é aqui, necessariamente, um "lugar", no sentido mais sofisticado desta expressão; uma construção, enfim, do próprio historiador. Se esta construção vier a coincidir com uma outra construção que já existe ao nível administrativo ou político, isso será apenas uma circunstância.

De fato, o historiador poderá tomar a cargo de sua pesquisa inúmeros objetos culturais, políticos, econômicos, demográficos, ou, o que ocorre mais amiúde, aqueles objetos estabelecidos a partir de combinações entre estas dimensões ou outras. Cada situação, objeto ou problema de estudo poderá requerer dele que elabore suas próprias "áreas" e "localidades", por vezes bem distintas em relação às localidades previstas na literatura geográfica tradicional ou nos atuais quadros institucionais-administrativos.

O objeto constituído pelo historiador pode exigir que ele quebre uma determinada unidade geopolítica tradicional, que misture o pedaço de uma com o pedaço de outra. Para um historiador, a região não será tanto aquilo de onde a pesquisa partirá, mas sim aquilo mesmo que a pesquisa pretende produzir historiograficamente. A região, para a operação historiográfica, não é ponto de partida; frequentemente é o ponto de chegada.

Já vimos, no item em que abordamos as críticas que se sucederam vigorosamente às duas primeiras décadas de emergência e crescimento da historiografia regional francesa, que havia sérios problemas decorrentes do gesto de compartimentar a realidade espacial de uma vez para sempre. Para a História, em especial, este velho modelo começou a apresentar dificuldades incontornáveis. Com o atrelamento acrítico do território que o historiador constitui a uma região preestabelecida – seja esta a região administrativa ou a área técnica estabelecida por uma tradição geográfica escolar – corre-se o risco de se inviabilizar uma série de objetos históricos não ajustáveis a estes limites.

A mesma comodidade arquivística que um dia pôde favorecer ou viabilizar um trabalho mais artesanal do historiador – capacitando-o para dar conta sozinho de seu objeto sem abandonar o seu pequeno recinto documental – poderia empobrecer sensivelmente as escolhas historiográficas nos dias de hoje. Certa prática cultural, para trazer o exemplo da conexão entre História Local e História Cultural, pode demandar um território específico que nada tenha a ver com o recorte administrativo de uma paróquia ou município, misturando pedaços de unidades paroquiais distintas ou vazando municípios.

Do mesmo modo, uma realidade econômica ou de qualquer outro tipo não coincide necessariamente com a região administrativa ou geográfica no sentido escolar tradicional. A região constituída pelo historiador também não precisa sequer coincidir com áreas econômicas mais tradicionais, uma vez que aquilo que está por ser pesquisado pode ser alternativamente relacionado à produção, ao consumo, à circulação, ao imaginário econômico ou a inúmeras das instâncias que são investigadas pela História Econômica, para além dos objetos mais tradicionais da macroeconomia.

É preciso, portanto, que o pesquisador – ao delimitar o seu espaço de investigação e defini-lo como uma "região" – esclareça os critérios que o conduziram a esta delimitação. Algumas perguntas se impõem. A região (ou o espaço que se pretende erigir em região) corresponde a um espaço homogêneo, ou a uma superposição de espaços diversos (e, neste caso, teremos espaços superpostos em fase ou em defasagem)? Existe um fator principal que orienta o recorte estabelecido pela pesquisa? Está se tomando a região como uma área humana que elabora determinadas identidades culturais, que possui uma feição demográfica própria, que produz certo tipo de relações sociais, que organiza a partir de si determinado sistema econômico? O critério norteador coincide com o de região geográfica? Com o político-administrativo? Se é um critério administrativo, é o critério administrativo de que tempo – o do historiador, ou o do período histórico examinado?

Além de se pensar a região como decorrência dos elementos que a dotam de certa permanência, pode-se defini-la, em certos casos, muito mais por uma dinâmica que a introduz em movimento do que por aspectos mais propriamente estáveis. Neste caso, a região pode ser apreensível como um espaço no qual são produzidos ou se reproduzem certos padrões de conflitos sociais, ou como um espaço no qual se desenrola determinado movimento social. Aqui, o espaço passa a ser visto como o cenário da luta de classes"[205], e portanto a expressão mais concreta de um modo de produção historicamente determinado que produz estas relações de classe, mas também as lutas que se dão entre os diversos grupos sociais e os diversos modos de vida. A região construída ou apreendida pelo historiador, portanto, deixa de ser um dado externo à sociedade para passar a ser encarada como algo produzido a partir do próprio processo social examinado.

30 História Local ou História Regional?

Neste momento já temos elementos teóricos e exemplos empíricos mais do que suficientes para nos pormos a refletir, mais confortavelmente, a res-

---

[205] Para além de um cenário onde se desenrola a luta de classes, o espaço também poderá ser visto simultaneamente como um produto e um meio da luta de classes, tal como propõe Alain Lipietz: "a estruturação do espaço é a dimensão espacial das relações sociais, e sendo essas lutas de classes, a estruturação do espaço é luta de classes não somente no sentido de que ela é o produto, mas de que ela é também um meio" (LIPIETZ, 1977, p. 26; MARTINS, 1987, p. 28).

peito da possibilidade de distinguir a História Local da História Regional. Já destacamos, e voltaremos a isso na próxima parte, que é muito mais fácil distinguir a Micro-história da História Local (ou da História Regional), do que diferenciar História Local de História Regional. A Micro-história trabalha com a escala. A História Regional e a História Local, se é que é possível distingui-las, referem-se diretamente ao espaço sobre o qual se produz a operação historiográfica. Pode haver uma interseção entre as perspectivas local e micro-historiográfica – o que não é impossível de ocorrer, mas decerto não ocorre necessariamente –, mas as duas modalidades sempre estarão referenciadas por dois conceitos distintos: no caso da Micro-história, a escala; no caso da História Local ou da História Regional, o espaço (na verdade, pequeno espaço, seja este a localidade ou a região).

Discutir uma possível distinção entre História Local e História Regional é uma operação teórica um pouco mais ambígua, uma vez que nem todos os idiomas historiográficos apresentam estas duas expressões como designativas de modalidades históricas distintas. Na França, por exemplo, sempre se falou em "História Local", e nesta designação enquadram-se tanto pesquisas que no Brasil poderiam se relacionar à História Local como pesquisas que poderiam se relacionar mais propriamente à História Regional. De fato, para a historiografia brasileira, o simples recorte espacial-localizado não implica necessariamente História Regional.

Por que não aproveitar a riqueza da língua portuguesa, que abriga as duas expressões – "História Local" e "História Regional" – para definir o "regional" como aquilo que se refere ao lugar integrado a um sistema, embora dotado de sua própria dinâmica interna? A ideia de "região", neste sentido mais específico, associa-se à noção de que temos agora um lugar que se apresenta, ele mesmo, como sistema – com sua própria dinâmica interna, suas regras, sua totalidade interna – e que habitualmente se encontra ligado ou a uma rede de outras localidades análogas, ou a um sistema mais amplo (p. ex., as várias regiões econômicas ou políticas que, no período do escravismo colonial, ligam-se a este sistema nacional mais amplo, a uma rede comercial mais abrangente, ou a qualquer outra realidade que termine por se apresentar como um sistema de sistemas).

Em contrapartida, o "local" poderia se relacionar àquele lugar que é recortado por um problema transversal (cultural, político, p. ex.). Quando examino a literatura de cordel de certa comunidade, com vistas a compreender certa conexão entre este gênero cultural a determinados aspectos que podem ser políticos, culturais, econômicos, ligados ao imaginário ou às mentalidades, relativos a certas heranças culturais trazidas por movimentos demográficos específicos, posso estar trabalhando mais propriamente com uma História Local do que com uma História Regional (nem sempre, mas é uma possibilidade). Isto porque, neste momento, não estou interessado em trabalhar a localidade como um sistema, como uma totalidade social, como um sistema ancorado no espaço que se liga a outra espacialidade mais ampla. A localidade, nestes casos, é tratada mais como "lugar" do que como "região".

É importante, de todo modo, conservar o sólido conselho da maior parte dos grandes geógrafos contemporâneos, de Vidal de La Blache a Yves La Coste e Milton Santos, sem mencionar outros mais recentes. O que dá uma identidade ao local, ou o que permite mesmo este local, nunca está apenas no próprio local. Ressonâncias diversas que ajudam a construir o acorde geográfico local podem sobrevir também de redes distantes de relacionamentos, de influências externas já esquecidas, ou – no caso das sociedades mundializadas, de intrincadas conexões que se fazem presentes a todo instante.

Para o primeiro caso, o das ligações pouco percebidas, e que às vezes se perdem no tempo e se esvaem tanto da memória como dos registros históricos, Vidal de La Blache já evocava a intrigante comparação entre os esquimós e as tribos da Ilha do Fogo – locais de fisionomias próximas, e que, no entanto, abrigaram sociedades tão distintas:

> É por essa razão que nos admiramos quando vemos o grau relativamente sólido de organização social ao qual souberam se elevar, uns pelo pastoreio, outros pela caça e pesca, povos tais como os lapões e os esquimós. Esses povos árticos conseguiram criar um tipo social durável, dispondo de um instrumental apropriado, em condições seguramente mais rigorosas do que aquelas em que, na extremidade do outro hemisfério, vegetam miseravelmente as tribos fueguinas. Diante disso, é difícil escapar à ideia de que esses gêneros de vida se constituíram não exatamente na região restrita onde subsistem na condição de testemunhos, mas numa escala maior, nos espaços continentais que correspondem às latitudes médias de nosso hemisfério[206].

Ainda que o local tenha hoje cores próprias, e que possamos dar à análise uma prioridade que se volta para as redes de relações locais, para a interferência

---

[206] VIDAL DE LA BLACHE, 2012, p. 134. Coletânea organizada por Rogério Haesbaert, Sérgio Nunes Pereira e Guilherme Ribeiro.

mais direta do meio local na vida humana, o olhar historiográfico e geográfico deve conservar a perspectiva das relações que chegam ao local a partir de outras conexões, sejam em sua própria época, seja de tempos anteriores. Posto isto, retornemos à reflexão mais específica sobre as eventuais diferenciações entre o regional e o local. O pequeno recorte de uma vizinhança, ou de uma comunidade de migrantes, ou de uma prática cultural que se localiza no interior de um lugar (p. ex., no interior de uma cidade) também pode nos remeter ao "local", e não ao "regional". De outra parte, tal como já foi pontuado, dependendo da abordagem empregada, poderemos também estar falando aqui em Micro-história. A abordagem micro-historiográfica e a História Local, aliás, também constituem conexões possíveis, já que o universo de observação da Micro-história pode corresponder também ao recorte local (mas também pode corresponder à trajetória de vida de um indivíduo, de uma família, ou aos desenvolvimentos de uma determinada prática cultural). De todo modo, Micro-história e História Local, em que pese constituam modalidades historiográficas bem diferenciadas, também se abrem para os seus possíveis diálogos.

Pensar estas nuanças possíveis entre o "local" e o regional" constitui apenas uma proposta, um exercício de imaginação historiográfica, já que frequentemente, entre nós, "História Local" e "História Regional" são expressões empregadas de maneira quase sinônima. Uma vez que temos ao dispor de nossa linguagem historiográfica as duas expressões, o que não ocorre com a historiografia de outros países, podemos tirar partido desta duplicidade de designações, fazer delas um instrumento para nos aproximarmos de uma maior complexidade relacionada aos diversos objetos historiográficos possíveis.

Há também certa tendência, no Brasil, a utilizar a expressão "História Local" para o estudo de localidades menores do que aquelas regiões geográficas ou administrativas mais amplas que podem corresponder a um estado, ou mesmo a uma área consideravelmente grande dentro de um estado. Assim, a "História Local", na historiografia brasileira, não raramente se refere a cidades, bairros, vizinhanças, aldeias indígenas, enquanto que a expressão "História Regional" volta-se mais habitualmente para as regiões mais amplas (o Vale do Paraíba, o sul de Minas, o Estado do Piauí, e assim por diante). Mas isso é praticamente uma especificidade de países de dimensões continentais como o Brasil.

Na Europa, continente no qual esta modalidade historiográfica surgiu por volta dos anos de 1950, não se justificava muito uma distinção entre os dois vocábulos. Isso é compreensível, uma vez que na Europa os espaços são muito mais reduzidos do que em países como o Brasil, a Argentina, os Estados Unidos ou o Canadá. Existem estados brasileiros nos quais caberiam diversos países europeus, como é o caso do Amazonas, um estado cujas dimensões superam a área somada de todos os países da Europa, se desconsiderarmos a Rússia europeia. O Estado de São Paulo tem uma área equivalente à de todo o Reino Unido.

Por isso, não é de se estranhar que na França, quando despontaram os primeiros trabalhos de História Local, os historiadores não tenham encontrado nenhuma necessidade de cunhar uma palavra especial para a modalidade historiográfica que lidaria com as localidades menores, e outra para aquela que deveria lidar com as porções mais amplas do espaço. A França anterior à Revolução Francesa, por exemplo, estava dividida em 39 *províncias*. Se considerarmos que o Estado brasileiro de Minas Gerais é do tamanho da França, poderemos entender a espacialidade mais reduzida a que se refere cada uma das províncias francesas da França do Antigo Regime. Os historiadores franceses do pequeno espaço, por isso mesmo, costumavam trabalhar com aquela unidade de espaço que Goubert chamava de "unidade provincial comum"[207].

Já vimos que, nestes e em outros casos, o espaço escolhido pelo historiador coincidia, de modo geral, com uma certa unidade administrativa. Muitas vezes também correspondia a uma unidade bastante homogênea do ponto de vista da paisagem natural geográfica, ou da perspectiva das práticas agrícolas que ali se estabeleciam. Por fim, constituíam-se muito habitualmente de zonas mais ou menos estáveis – bem ao contrário daquilo que, durante o período colonial, acontecia em países como os da América Latina, com seus entremeados de áreas conturbadas e de disputas políticas para as quais devemos considerar a ocorrência muito mais frequente de "fronteiras móveis" – vale dizer, de fronteiras flutuantes entre as regiões, e constituintes de uma geografia política que se redefinia e que se reatualizava com uma frequência bem maior do que nos países europeus.

Se o antigo padrão tipicamente europeu de organização da espacialidade política funcionou tão satisfatoriamente para a prática de uma História Local, em meados do século XX e visando certos temas, isto não significa que o mesmo irá ocorrer sempre e em todos os lugares. A História Regional e a História Local em um país de dimensões continentais, como o Brasil, impli-

---

[207] GOUBERT, 1992, p. 45.

cam suas próprias bases. Mais do que nunca, faz-se necessária a capacidade de pensarmos com independência o nosso próprio instrumental conceitual, diante de nossas demandas específicas e de nossos interesses singulares, ao menos quando o objeto de estudo se referir às grandes espacialidades com as quais lidamos para o estudo de nossa História[208].

No Brasil, país de dimensões continentais, a dinâmica das expressões História Local/História Regional, conforme se vê, também pode ser utilizada para estabelecer essa relação entre espaços menores e espaços maiores, que os integram. Esses usos passam por decisões dos próprios historiadores envolvidos nesses estudos. É muito comum a utilização da designação História Regional para os espaços mais amplos: por exemplo, nos casos em que a História Local estabelece conexões com a História Econômica. Além de se falar na região do Vale do Paraíba – uma área que pode abarcar muitas localidades menores – fala-se também em regiões definidas pelo principal tipo de atividade econômica que as recobrem em certos períodos históricos (região mineradora, região da borracha).

O uso do conceito de "região" como uma noção intermediária entre o "local" e o "nacional", portanto – mas também como uma mediação conceitual que pode ser estabelecida entre as economias locais e a apropriação nacional do conjunto formado por estas diversas economias locais –, apresenta aqui o seu sentido. O mesmo raciocínio pode ser estendido para os aspectos políticos e culturais. Uma análise da realidade eleitoral na república brasileira, em algum momento de sua história (o que inclui o momento presente), pode demandar esta intermediação. Frequentemente somos levados a pensar nos termos de eleitorados regionais que abarcam muitas realidades políticas locais, e que as integram para contrastá-las com outras redes similares.

Em uma outra direção, quando falamos de política internacional, podemos falar também em regiões que congregam diversos países – e que são, agora neste caso, conceitos intermediários entre o "nacional" e o "planetário", ou entre o "nacional" e o "continental", conforme o caso. Os fenômenos de mundialização e da globalização permitem colocar a discussão conceitual em novos níveis.

---

[208] Ressalto que a redefinição dos conceitos de região é importante tanto no que se refere ao objeto de estudo – as grandes espacialidades de um país como o Brasil – como no que se refere às redes de historiadores. Um Congresso de História Regional na Bahia – congregando historiadores de uma vasta área que é um pouco maior do que a França – implica uma rede historiográfica que corresponde a todo o espaço historiográfico francês.

31 Micro-história: uma leitura em nova escala

A próxima questão à qual gostaria de me ater refere-se à necessidade de distinguir mais claramente o par "História Local"/"História Regional" da "Micro-história". Não há como confundir uma coisa com a outra. Quando um historiador se propõe a trabalhar dentro do âmbito da História Regional, ele mostra-se interessado em estudar diretamente uma região específica. O espaço regional, como já foi destacado, não estará necessariamente associado a um recorte administrativo ou geográfico, podendo se referir a um recorte antropológico, a um recorte cultural ou a qualquer outro recorte proposto pelo historiador, de acordo com o problema histórico que irá examinar. Não obstante, de qualquer modo o interesse central do historiador regional é estudar especificamente este espaço, ou as relações sociais que se estabelecem dentro deste espaço, mesmo que eventualmente pretenda compará-lo com outros espaços similares ou examinar em algum momento de sua pesquisa a inserção do espaço regional em um universo maior (o espaço nacional, uma rede comercial).

Que a região é uma construção do historiador, do geógrafo ou do cientista social que examina uma determinada questão, isto já o sabem de longa monta os historiadores regionais ou os historiadores locais. A região, tal como já foi discutido em momento anterior, não existe, obviamente, como espaço preestabelecido; ela é construída dentro das coordenadas de uma determinada pesquisa ou de certa análise sociológica ou historiográfica. Por isto, aliás, é preciso que o pesquisador – ao delimitar o seu espaço de investigação e defini-lo como uma "região" – esclareça os critérios que o conduziram a esta delimitação. Posto isto, é óbvio que o "espaço", seja este definido como espaço físico ou como espaço social, é uma noção fundamental para este campo de estudos que pode ser categorizado como História Regional ou Local.

Enquanto a História Regional (ou Local) corresponde a um domínio ou a uma abordagem historiográfica que foi se constituindo em torno da ideia de construir um espaço de observação sobre o qual se torna possível perceber determinadas articulações e homogeneidades sociais (e a recorrência de determinadas contradições sociais, oportunamente), e, por fim, de examiná-lo de algum modo como um sistema, já com relação à Micro-história temos outra situação.

Tal como já foi ressaltado, pode-se dizer que a Micro-história não se relaciona necessariamente ao estudo de um espaço físico reduzido, embora isso possa ocorrer em muitas obras de micro-historiadores. O que a Micro-história pretende realizar, rigorosamente, é uma ampliação na escala de observação do historiador (erroneamente se diz o contrário). Tem-se aqui o intuito de apreender aspectos que, de outro modo, poderiam passar despercebidos. Quando o micro-historiador examina uma pequena comunidade, ele não estuda propriamente *a* pequena comunidade, mas estuda *através* da pequena comunidade. Esta não é, de modo geral, a perspectiva da História local, que busca o estudo da realidade microlocalizada por ela mesma.

A comunidade examinada pela Micro-história pode aparecer, por exemplo, como um meio eficaz para atingir a compreensão de aspectos específicos relativos a uma sociedade mais ampla. Da mesma forma, posso tomar para estudo uma "realidade micro" com o intuito de compreender certos aspectos de um processo de centralização estatal que, em um exame encaminhado do ponto de vista da macro-história, passariam certamente despercebidos.

Para utilizar uma metáfora conhecida, a Micro-história propõe a utilização do microscópio ao invés do telescópio. Não se trata, neste caso, de depreciar o segundo em relação ao primeiro. O que importa é ter consciência de que cada um destes instrumentos pode se mostrar mais apropriado para conduzir à percepção de certos aspectos do universo (p. ex., o espaço sideral ou o espaço intraorgânico). De igual maneira, a Micro-história procura enxergar aquilo que escapa à macro-história tradicional, empreendendo para tal uma "redução da escala de observação" que não poupa os detalhes, e que investe no exame intensivo de uma documentação. Considerando os exemplos antes citados, o que importa para a Micro-história não é tanto a "unidade de observação", mas a "escala de observação" utilizada pelo historiador, o modo intensivo como ele observa, e o que ele observa.

É por isso que anteriormente ressaltamos que o objeto de estudo do micro-historiador não precisa ser necessariamente o espaço microrrecortado, havendo a possibilidade de que corresponda a uma prática social específica, à trajetória de determinados atores sociais, a um núcleo de representações, a uma ocorrência (p. ex., um crime) ou a qualquer outro aspecto ou microrrecorte temático que o historiador considere revelador em relação aos problemas sociais que se dispôs a examinar.

Se o historiador elabora a história de vida de um indivíduo (e frequentemente escolherá neste caso um indivíduo anônimo) o que o interessará não é propriamente biografar este indivíduo, mas sim abordar os aspectos que poderá perceber através do exame microlocalizado desta vida. De igual maneira, e retomando o contraste entre Micro-história e História Local/História Regional, pode-se dizer que, de modo geral, o micro-historiador nunca está particularmente preocupado em estudar *a* região, tal como ocorre com o historiador que se dedica à História Local, mas, sim, que ele estuda *na* região. Estudar "a" região, e estudar "na" região são evidentemente coisas distintas. Sobretudo a distinção fundamental entre Micro-história e História Local (ou Regional) ampara-se, conforme já vimos, na categoria através da qual se constitui a primeira: a escala (e não a região).

32 Ler o espaço: considerações finais

A interdisciplinaridade entre História e Geografia, para além da ponte teórica que pode atravessar o espaço entre ambos os saberes, fornecendo todo um sistema conceitual para cada um dos lados, pode se beneficiar de uma ponte metodológica. Os historiadores ainda têm algo a aprender com os geógrafos (e também com os urbanistas) com relação às possibilidades de ler o espaço. É com algumas considerações sobre este aspecto que encerraremos este livro.

Ao olhar para uma cidade – para as suas avenidas, ruas e becos, seus enfileiramentos de edifícios e casas, para as providências que foram tomadas ou não com relação ao desgaste de cada calçada, para as fiações sobre as quais repousam durante alguns minutos famílias inteiras de pássaros, ou para os bueiros de diversos tipos que se abrem, abaixo de si, para um complexo subterrâneo de infraestruturas – precisamos nos habituar a enxergar a sucessão de paisagens urbanas como narrativas que expressam transformações técnicas, sociais, mas também lutas entre instâncias diversas.

"A rua, onde o estacionamento expulsa o jardim, torna-se a arena de um conflito"[209]. As favelas desalojadas por prédios destinados a se tornarem condomínios de luxo, em um processo que por vezes envolve muita violência, falam-nos de um sistema de dominação que deixa as suas marcas no tecido urbano e na sua história, recuperável tanto através da leitura da paisagem mais imediata como da análise de documentação escrita e visual (fotografias e iconografias) que permita recuperar as paisagens anteriores e as ações que em torno delas se desenrolaram.

---

[209] SANTOS, 2013, p. 71. "Meio ambiente construído e flexibilidade tropical" [original: 1991].

Conforme vimos no decorrer deste livro, mais particularmente na sua primeira parte, o tempo acumula-se no espaço. Por isso, metaforicamente falando, uma metodologia de análise do espaço rural, urbano, ou qualquer outro, deve incluir uma certa sensibilidade arqueológica. Isso é importante tanto para os geógrafos, que analisam as cidades e campos de hoje, como para os historiadores, que os examinam em inúmeros presentes:

> [...] O estudo da paisagem pode ser assimilado a uma escavação arqueológica. Em qualquer ponto do tempo, a paisagem consiste em camadas de formas provenientes de seus tempos pregressos, embora estes apareçam integrados ao sistema social presente, pelas funções e valores que podem ter sofrido mudanças drásticas. Desse modo, as formas devem ser "lidas" horizontalmente, como um sistema que representa e serve às atuais estruturas e funções. Além disso, cumpre efetuar uma leitura vertical para datar cada forma pela sua origem e delinear na paisagem as diversas acumulações ao longo da história[210].

Essa leitura vertical do espaço e dos lugares é particularmente importante para os historiadores, e não apenas para os geógrafos, que detêm a primazia de aplicação do método. Devemos notar que, assim como os geomorfólogos são capazes de examinar, através da abertura de cortes, "a disposição das camadas que revelam as várias fases da história natural"[211], os geógrafos humanos — na esteira de pesquisadores e analistas contemporâneos como Milton Santos — tornaram-se exímios especialistas em ler a materialidade e o espaço através de cortes imaginários que revelam toda uma polifonia de ações humanas que emergem do fundo de épocas diversas materializadas, por exemplo, "em técnicas de produção, do transporte, da comunicação, do dinheiro, do controle, da política, e, também, técnicas da sociabilidade e da subjetividade"[212].

Pode-se acrescentar, além das técnicas, as fascinantes polifonias de estilos configuradas por elementos arquitetônicos em cidades como o Rio de Janeiro. A história dos solos, alternando asfalto, paralelepípedos e outros tipos de pisos urbanos, canta uma outra melodia. O mesmo poderíamos dizer dos grafites, que mancham as paredes urbanas de humanidade e também contam as suas histórias, ou do discurso mais rápido dos cartazes de propaganda. A melodia rápida da expressão citadina se apoia na dinâmica mais lenta das suas transformações materiais, da sua ocupação humana.

---

210 SANTOS, 2008, p. 74. "Espaço e método" [original: 2005].
211 SANTOS, 2002, p. 56, "A natureza do Espaço" [1996].
212 Ibid., p. 57. "A natureza do Espaço" [1996].

Os encadeamentos de nomes de ruas, muitos vindos de tempos anteriores, e devendo ser sempre associados aos espaços aos quais se referem, devem ser também analisados no que nos têm a dizer sobre as *funções* (há as "ruas dos barbeiros" e as "ruas dos alfaiates") e acerca dos indivíduos e das figuras humanas que tentaram se impor ao mundo social e político, entre outros tantos que se impuseram naturalmente em decorrência de suas realizações (existem os ilustres, imortalizados com ou sem merecimento, e há ainda aqueles que desapareceram da memória, e que hoje são apenas associados ao chão que se pisa em um passeio urbano).

As possibilidades são muitas. A leitura vertical e horizontal das cidades e dos campos é quase como uma música que ressoa no espaço, passível de ser apreendida pelos ouvidos atentos. Na primeira parte deste livro propus, para motivar a sua compreensão em outro nível, a imagem do acorde. O acorde musical é verticalidade, ao mesmo tempo em que se insere na horizontalidade. Da mesma forma, os acordes se sucedem no tempo, como ocorre com as paisagens, aproveitando notas antigas, desfazendo-se de algumas, incorporando novas notas. Por fim, os acordes inserem-se em uma música mais ampla. Os acordes-paisagens são atravessados pela vida.

Outro procedimento metodológico importante é o de não considerar o espaço como algo estático, mas sim como um processo, como uma materialidade em mutação, como uma rede de relações que se estabelecem em muitas direções. O espaço não é apenas um conjunto de fixos, mas também atravessados por fluxos de diferentes tipos. De igual maneira, as ações se impõem ao espaço. Tensões as mais diversas se estabelecem, poderes constrangem, resistências se afirmam. O espaço não é apenas o lugar no qual se luta, mas também aquilo por que se luta. Uma História Social, para além dos estudos de cultura e do urbanismo, pode tomar para base de suas pesquisas o espaço.

As ações políticas e as desigualdades sociais, por exemplo, podem ser lidas nas paisagens. À sua maneira, elas contam (ou cantam) uma história. A presença desigual do Estado na reparação do tecido urbano – por vezes inexistente em áreas consideradas periféricas –, a presença de menor ou maior policiamento, os efeitos materiais da presença ou ausência dos demais serviços públicos, a arborização sistemática em certas ruas e não em outras, e a história que pode ser narrada pelas árvores de diversas idades como testemunhos de temporalidades superpostas, tudo pode ser lido no espaço urbano, como também o mesmo poderia ser feito para o mundo rural.

Com relação ao estudo do tempo no espaço, existem cuidados necessários para uma adequada análise do sistema espacial. Dizíamos que uma paisagem é constituída por superposição de elementos diversos, oriundos de tempos distintos. Apenas inventariar cada um destes elementos, no entanto, é insuficiente. Quando percebemos uma antiga forma intermesclada a outras no presente, não se trata apenas de datá-la e descrevê-la. Algumas perguntas se impõem. O que esta forma representava no passado? Qual a sua função no sistema que lhe deu origem? O que permitiu a sua sobrevivência em períodos posteriores, e não o seu descarte? Que novas funções a forma em questão assumiu nas novas estruturas espaciais nas quais se inseriu? Que sentidos, hoje, a integram aos lugares?

Metaforicamente, é possível, e interessante para a História, problematizar cada nota no interior de um acorde. Quando esta nota soou pela primeira vez, que função desempenhava na música de sua época? O que permitiu que ela fosse incorporada ao novo acorde, e que novas funções – que novas funções e propriedades – desde então ela assumiu? Fazer as perguntas adequadas às notas de um acorde – ou às formas de uma estrutura urbana – é evitar o mosaico anacrônico, meramente descritivo. De resto, cada cidade conta-nos uma história através da sua superposição específica de tempos e espaços.

A capacidade de leitura de um espaço, seja através de um exame da materialidade nele consolidada no momento presente – com seus imbricamentos de muitas temporalidades – seja através da análise da documentação capaz de recuperar registros escritos e visuais diversos, deve ser parte do *metier* dos historiadores que tomam o próprio espaço para seu tema em estudo, e também dos geógrafos que com eles se irmanam na mesma empresa.

Referências

ALEXANDER, C. A cidade não é uma árvore. In: *Architectural Forum*, vol. 122, n. 1, abr./1965, p. 58-62 (Parte I); vol. 122, n. 2, mai./1965, p. 58-62 (Parte II).

BARROS, J.D'A. *Os conceitos*: seus usos nas ciências humanas. Petrópolis: Vozes, 2016.

_____. *Teoria da História* – Vol. I: Princípios e conceitos fundamentais. Petrópolis: Vozes, 2011a.

_____. *Teoria da História* – Vol. II: Os paradigmas do século XIX. Petrópolis: Vozes, 2011b.

_____. *Teoria da História* – Vol. III: Os paradigmas revolucionários. Petrópolis: Vozes, 2011c.

_____. *Teoria da História* – Vol. IV: Acordes historiográficos: uma nova proposta para a Teoria da História. Petrópolis: Vozes, 2011d.

_____. *A construção social da cor*. Petrópolis: Vozes, 2009.

_____. *O campo da História*. Petrópolis: Vozes, 2004.

BLOCH, M. *Apologia da História*. Rio de Janeiro: Zahar, 2001 [original: 1941-1942].

_____. *Les caracteres originaux* – Le l'Histoire rurale française. Paris: A. Colin, 1952 [original: 1931].

BORGES, J.L. *El hacedor*. Madri: Alianza, 1981.

BOURDIEU, P. A ideia de região. In: *O poder simbólico*. São Paulo: Difel, 1989, p. 107-132.

BOXER, C. *O Império Colonial Português (1415-1825)*. Lisboa: Ed. 70, 1981 [original: 1969].

BRAUDEL, F. História e Ciências Sociais: a longa duração. In: NOVAIS & SILVA (orgs.). *Nova História em perspectiva*. São Paulo: Cosac & Naify, 2011, p. 87-127 [original: 1958].

_____. *Escritos sobre a História*. São Paulo: Perspectiva, 2005.

_____. *Gramática das civilizações*. São Paulo: Martins Fontes, 1989.

_____. *O Mediterrâneo e o mundo mediterrânico*. São Paulo: Martins Fontes, 1984 [original: 1946; revisto em 1963].

_____. La géographie face aux sciences humaines. In: *Annales ESC*, vol. 6, n. 4, out.-dez./1952. Paris: A. Colin.

BROEK, J.O.M. *Introdução ao estudo da Geografia*. Rio de Janeiro: Zahar, 1967.

BURGI, M. & GIMMI, U. Three objectives of historical ecology: the case of a litter collecting in Central European forests. In: *Landscape Ecology*, vol. 22, 2007, p. 77-87.

CARDOSO, C.F. Repensando a construção do Espaço. In: *Revista de História Regional*, n. 3 (1), 1998, p. 7-23.

CARDOSO, C.F. *Agricultura, escravidão e capitalismo*. Petrópolis: Vozes, 1979.

_____. Observações sobre o dossiê preparatório da discussão sobre o modo de produção colonial. In: PARAIN, C. (org.). *Sobre o feudalismo*. Lisboa: Estampa, 1973, p. 71ss.

CASTRO, A.B. *Sete ensaios sobre a economia brasileira*, I. Rio de Janeiro: Forense, 1980.

CASTRO, J. *Geografia da fome*. Rio de Janeiro: Griphus, 1992 [original: 1946; prefácio: 1960].

_____. *A geopolítica da fome*. Rio de Janeiro: Globo, 1951.

_____. *A alimentação brasileira à luz da geografia humana*. Rio de Janeiro: Globo, 1937.

CESAR, J. *Comentários (De Bello Gallico)*. São Paulo: Cultura, 2001 [original: 50 a.C.].

COHEN-HALIMI, M. Le géographe de Königsberg In: KANT, I. *Géographie* – Physische Geographie. Paris: Aubier, 1999, p. 9-40.

COSTA, I.D.N. *Arraia-miúda* – Um estudo sobre os não proprietários de escravos no Brasil. São Paulo: MSGP, 1992.

DELUMEAU, J. *História do medo no Ocidente*. São Paulo: Companhia das Letras, 2009 [original: 1978].

DILTHEY, W. *Introducción a las ciencias del espírito*. Madri: Espasa-Calpe [original: 1883].

DOSSE, F. *A História em migalhas*. São Paulo: Ensaio, 1994 [original: 1987].

EINSTEIN, A. *Relativity*: The Special and General Theory. Londres: Methuen & Co, 1916.

FEBVRE, L. *La terre et l'évolution humaine*. Paris: A. Michel, 1922.

FOUCAULT, M. *A ordem do discurso*. São Paulo: Loyola, 1996.

_____. *A microfísica do poder*. Rio de Janeiro: Graal, 1985 [original: 1976].

FRAGOSO, J. *Homens de grossa aventura* – Acumulação e hierarquia na praça mercantil do Rio de Janeiro (1790-1830). Rio de Janeiro: Civilização Brasileira, 1998.

FRANCO, M.S.C. *Homens livres na ordem escravocrata*. São Paulo: Unesp, 1997 [original: 1964].

FREITAS, I.A. História ambiental e Geografia física – Natureza e cultura em interconexão. In: *Geo UERJ*, ano 9, vol. 2, n. 17, 2007, p. 20-33.

FREYRE, G. *Casa grande & senzala*. Rio de Janeiro: Maia e Schmidt, 1933.

FURTADO, C. *Formação econômica do Brasil*. Rio de Janeiro: Fundo de Cultura, 1961.

GAUCHET, M.A. Les lettres sur l'histoire de France de Augustin Thierry. In: NORA, P. (org.). *Les lieux de memoire*. Paris: Gallimard, 1986, tit. III, p. 217-316.

GORENDER, J. *O escravismo colonial*. 2. ed. São Paulo: Ática, 1978.

GOUBERT, P. História local. In: *História & Perspectivas*, n. 6, jan.-jun./1992, p. 45-56. Uberlândia.

HÄGERSTRAND, T. Time geography: Focus on the Corporeality of Man. In: *The Science and Praxis of Complexity*. Tóquio: The United Nations University, 1985, p. 193-216.

HERÓDOTO. *História*. Brasília: UnB, 1988 [original: 450-430 a.C.].

HOLANDA, S.B. *Raízes do Brasil*. São Paulo: José Olympio, 1936.

HOLZER, W. O lugar na Geografia humanista. In: *Revista Território*, ano IV, n. 7, 1999, p. 67-78. Rio de Janeiro.

HYAMS, E.S. *Soil and Civilization*. Londres: Harper and Row, 1976 [original: 1952].

KANT, I. *Géographie Physische Geographie*. Paris: Aubier, 1999 [original: 1802].

KHALDUN, I. *Muqaddimah* – Os prolegômenos. Tomos I, II e III. São Paulo: Instituto Brasileiro de Filosofia, 1958-1960 [original: século XIV].

KOSELLECK, R. *Futuro passado* – Contribuição à semântica dos tempos históricos. Rio de Janeiro: PUC-Rio, 2006 [original: 1979].

LA BLACHE, P.V. La Géographie politique, a propôs dês écrits de M. Frédéric Ratzel. In: *Annales de Géographie*, n. 32, ano 7, 1898, p. 97-111.

LACOSTE, Y. *Geografia*: isto serve, antes de mais nada, para fazer a Guerra. Campinas: Papirus, 1988 [original: 1976].

LAMBERT, P.; HARISON, R. & JONES, A. "A institucionalização e a organização da História". In: LAMBERT & SCHOFIELD. *História*: introdução ao ensino e à prática. São Paulo: Artmed, 2011, p. 25-42.

LEROI-GOURHAN, A. *Evolution et Technique*: l'homme et la matiere. Paris: Albin Michel, 1943.

LINHARES, M.Y. & SILVA, F.C.T. Região e história agrária. In: *Estudos Históricos*, vol. 8, n. 15, 1995, p. 17-26. Rio de Janeiro.

LIRA, L.A. Vidal de La Blache: historiador. In: *Confins* – Revista Franco-Brasileira de Geografia, n. 21, 2014.

LIPIETZ, A. *Le capital et son espace*. Paris: Maspero, 1977.

MARTINS, P.H.N. Espaço, Estado e região: novos elementos teóricos. In: GEBARA, A. (org.). *História regional*: uma discussão. Campinas: Unicamp, 1987.

MATTOS, H. Ao *Sul da História* – Lavradores pobres na crise do trabalho escravo. Rio de Janeiro: FGV, 2009 [original: 1985].

MATTOSO, K.Q. *Bahia* – A cidade de Salvador e seu mercado no século XIX. São Paulo: Hucitec, 1978.

_____. "Os preços na Bahia de 1750 a 1930. In: *L'Histoire quantitative du Brésil de 1800 a 1930*. CIVRS, 1973, p. 167-182.

MEINIG, D.W. O olho que observa: dez versões da mesma cena. *Espaço e Cultura*, n. 13, 2002, p. 35-46 [original: 1976].

MOREIRA, R. *A formação espacial brasileira* – Contribuição crítica aos fundamentos espaciais da geografia do Brasil. Rio de Janeiro: Consequência, 2014a.

_____. *Para onde vai o pensamento geográfico?* São Paulo: Contexto, 2014b.

_____. Os quatro modelos de espaço-tempo e a reestruturação. *GeoGraphia*, ano 6, n. 11, 2004.

MORUS, T. *Utopia*. São Paulo: Martins Fontes, 1999 [original: 1516].

NASH, R. American Environmental History. In: *A New Teaching Frontier – Pacific Historical Review*, vol. 41, 1972, p. 362-377.

NAVEH, Z. What is holistic landscape ecology – A conceptual introduction. *Landscape and Urban Planning*, vol. 50, 2000, p. 7-26.

NOVAIS, F.A. *Portugal e Brasil na Crise do Antigo Sistema Colonial (1777-1808)*. São Paulo: Hucitec, 1979.

PRADO JR., C. *História econômica do Brasil*. São Paulo: Brasiliense, 1942.

RAFFESTIN, C. *Por uma Geografia do poder*. São Paulo: Ática, 1993 [original: 1980].

RATZEL, F. Geografia do homem (Antropogeografia). In: MORAES, A.C.R. (org.). *Ratzel*. São Paulo: Ática, 1990, p. 32-107 [original: 1909].

RIBAS, A.D. & VITTE, A.C. O Curso de Geografia Física de Immanuel Kant (1724-1804): uma contribuição para a História e a epistemologia da Ciência Geográfica. In: *Geographia*, vol. 10, n. 19, 2008, p. 103-121.

RICOEUR, P. *Tempo e narrativa*. São Paulo: Martins Fontes, 2012 [original: 1983-1965].

RUSSEL-WOOD, A.J.R. O poder local na América Portuguesa. In: *Revista de História*, vol. 55, n. 109, 1977, p. 25-79.

SANGUIN, A.-L. *Vidal de la Blache*: un genie de la Géographie. Paris: Belin, 1993.

SANTOS, M. *Da totalidade ao lugar*. São Paulo: Edusp, 2014a [original: 1993].

_____. *Metamorfoses do espaço habitado*. São Paulo: Edusp, 2014b [original: 1988].

_____. *Técnica, Espaço, Tempo*. São Paulo: Edusp, 2013 [original: 1994].

_____. *Manual de Geografia urbana*. São Paulo: Edusp, 2012 [original: 1981].

_____. *Espaço e método*. São Paulo: Edusp, 2008 [original: 1985].

_____. *O espaço do cidadão*. São Paulo: Edusp, 2007 [original: 1987].

_____. *O espaço dividido*. São Paulo: Edusp, 2004a [original: 1979].

_____. *Pensando o espaço do homem*. São Paulo: Edusp, 2004b [original: 1982].

_____. *A natureza do espaço* – Técnica e Tempo, Razão e Emoção. São Paulo: Edusp, 2002a [original: 1996].

_____. *Por uma Geografia nova* – Da crítica da geografia a uma geografia crítica. São Paulo: Edusp, 2002b [original: 1978].

_____. Entrevista. *Caros Amigos*, n. 17, ago./1998. São Paulo.

_____. *Espaço e sociedade*. Petrópolis: Vozes, 1979.

_____. *O centro da cidade de Salvador* – Estudo de geografia urbana. Estrasburgo, 1958 [Tese de doutorado].

SANTOS, M. & SILVEIRA, M.L. *O Brasil*: território e sociedade no início do século XX. Rio de Janeiro: Record, 2003.

SAUER, C. A morfologia da paisagem. In: CORRÊA, R.L. & ROSENDHAL, Z. (orgs.). *Paisagem, Tempo e Cultura*. Rio de Janeiro: Eduerj, 1998 [original: 1925].

SHAFER, M. *O ouvido pensante*. São Paulo: Unesp, 2012 [original: 1986].

_____. *A afinação do mundo*. São Paulo: Edusp, 2001 [original: 1977].

SORRE, M. *Rencontres de la géographie et de la sociologie*. Paris: M. Rivière, 1957.

THIERRY, A. *Letres sur les histoire de France*. Paris: Le Courrier Français, 1820.

TUAN, Y.-F. *Paisagens do medo*. São Paulo: Unesp, 2006.

_____. *Espaço e lugar*. São Paulo: Difel, 1983.

_____. *Topofilia*: um estudo da percepção, atitudes e valores do meio ambiente. São Paulo: Difel, 1980 [original: 1974].

_____. Space and place: humanistic perspective. In: GALE, S. & OLSSON, G. (org.). *Philosophy in Geography*. Dordrecht: Reidel, 1979, p. 387-427.

_____. Place: an experiential perspective. *Geographical Review*. n. 65 (2), p. 1975, p. 151-165.

VIDAL DE LA BLACHE, P. A Geografia humana: suas relações com a Geografia da vida". In: HAESBAERT, R.; PEREIRA, S.N. & RIBEIRO, G. (orgs.). *Vidal, vidais*. Rio de Janeiro: Bertrand Brasil, 2012a, p. 99-123 [original: 1903].

_____. Da interpretação geográfica das paisagens. In: HAESBAERT, R.; PEREIRA, S.N. & RIBEIRO, G. (orgs). *Vidal, vidais*. Rio de Janeiro: Bertrand Brasil, 2012b, p. 125-130 [original: 1908].

_____. Sur l'esprit geographique. In: *Revue Politique et Littéraire (Revue Bleu)*, ano 52, n. 18, 1914, p. 556-560. Paris: Bureaux de la Revue Politique et Littéraire et de la Revue Scientifique.

_____. *Péninsule Européenne* – L'océan et La Méditerranée. In: Leçon d'Ouverture du Cours d'Histoire et Géographie a la Faculté des Lettres de Nancy. Paris: Berger-Levrault, p. 1-28, 1873.

WALLERSTEIN, I. The Time of Space and the Space of Time: The Future of Social Science. In: *Political Geography*, XVII, 1, 1998, p. 71-82.

WORSTER, D. Para fazer história ambiental. *Estudos Históricos*, vol. 4, n. 8, 1991, p. 198-215.

_____. Doing Environmental History. In: WORSTER, D. (org,). *The Ends of the Earth*: perspectives on Modern Environmental History. Nova York: Cambridge University Press, 1989, p. 289-307.

Índice onomástico

Alexander, C. 159-166
Andrade, C.D. 60
Aristóteles 169
Assis, M. 109

Bourdieu, P. 28, 34
Bloch, M. 18, 22, 64, 134
Borges, J.L. 89
Boxer, C. 184
Braudel, F. 20, 22, 120s., 133, 138-144

Cardoso, C. 148, 179
Castro, J. 35-42, 44, 47
Cesar, J. 17s.

Dosse, F. 142, 173

Eratóstenes 18
Estrabão 18

Febvre, L. 131, 133
Foucault, M. 22, 100
Fragoso, J. 185-189
Franco, M.S.C. 173s., 176, 183, 190
Furtado, C. 189
Freyre, G. 179

Gonzaga, L. 41
Gorender, J. 179, 183
Goubert, P. 145, 147, 173, 198

Heródoto 18
Holanda, S.B. 179
Humboldt, A. 19

Khaldun, I. 19
Koselleck, R. 62s.
Kant, I. 19

Lacoste, Y. 18, 98, 135, 137, 146, 149-159, 161
Leroi-Gourhan 64

Mattoso, K. 185s., 189
Moreira, R. 124, 182
Morus, T. 116

Novaes 179

Prado Jr., C. 179, 183, 189
Plínio o Velho 18

Raffestin, C. 97s.
Ranke, L. 11
Ratzel, F. 130s.
Russel-Wood 184

Schaffer, M. 58
Santos, M. 22, 25, 27, 34, 53, 55s., 58, 61-66, 68-70, 75-78, 82-84, 97, 99s., 102, 104, 112, 147, 152, 154, 196, 203
Sauer, C. 53, 168

Thierry, A. 10
Tuan, Y.-F. 56, 171

Vidal de La Blache 22, 34, 64s., 69, 111, 129-133, 135-139, 141, 145s., 150, 158, 168, 196
Wallerstein, I. 20, 22

Índice remissivo

Acorde 27, 101
África 32, 40
Aldeia 87s., 153
Antropologia 21, 51, 97
Arquipélago 180-182
Árvore 160
Área 47s.

Caatinga 42
Café 116
Campo 9, 13, 16, 47s.
Cana-de-açúcar 116
Cartografia 86-89
Cidade 42, 48
natural 160
Cinema 56, 101
Comércio 20, 49, 76

Dissonância 113s., 116

Energia 48, 68, 72, 77s.
Escala 43, 50, 54, 85-97
Espaço 13, 15-17
Estado 82, 90
Estrutura 66

Firmas 81
Fixos 79
Fluxos 79

Fome 40
Forma 66
Função 66

Geo-história 138-144
Globalização 44, 88, 90
Guerra 17s., 20s., 40

Harmonia 101
História
  local 144, 167
  regional 145, 167
  serial 12, 185

Interdisciplinaridade 9

Lugar 168-173

Mediterrâneo 138-144
Micro-história 167, 200
Música 58, 102, 108

Nordeste 39, 41, 48s., 113

País 27s., 31
Paisagem 53
Permanência 31
Pintura 58
Poder 96s., 118s.
Polígono da Seca 41, 47
População 49
Processo 65s.

Raça 51s.
Região 27, 137, 144
Rio 67s., 72, 83s.

Ritmo 118
Ruas 60, 71
Rural 107, 111, 147

Seca 41, 47s.
Sertão 42s.
Subnutrição 37-40

Tempo presente 15
Território 97-101
Totalidade 27, 35, 175
Trânsito 59, 71s.
Transporte 44, 63, 74

Universidade 11, 81s.

Zona 48

Índice geral

Sumário, 5
Primeira parte: Um espaço em comum, 7
I – História e Geografia: duas ondas que se abraçam, 9
    1 As ondas interdisciplinares no século XX, 9
    2 Consciência do espaço, 13
    3 História e Geografia: disciplinas irmãs, 17
II – Doze conceitos tradicionais da Geografia e uma nova proposta, 23
    4 Conceitos básicos da Geografia, 23
    5 Região, 27
    6 A região diante de um problema, 35
    7 Áreas e zonas: outros divisores do espaço, 44
    8 A população e o fator humano, 49
    9 Paisagem, 53
    10 Espaço-tempo, 59
    11 Forma, estrutura, função e processo, 66
    12 Fixos e fluxos, 69
    13 Os fixos e fluxos no sistema de espaço, 79
    14 Escalas: mais do que um jogo de lentes, 85
    15 Território: o espaço e o poder, 97
    16 Harmonia espacial e acordes-paisagens, 101
    17 Poliacordes geográficos, 108
Segunda parte: Interações possíveis, 127
III – A relação entre História e Geografia no século XX, 129
    18 O diálogo com a escola de Vidal de La Blache, 129
    19 Braudel e a Geo-história, 138
    20 A emergência da História local francesa, 144

21 Espacialidade diferencial, 150
22 Complexidades do espaço urbano, 158

IV – História Local e História Regional – A historiografia do pequeno espaço, 167

23 Reajustes no vocabulário: História Local, História Regional, Micro-história, 167
24 Lugar: reformulações de um conceito, 169
25 Motivações centrais para a História Local, 173
26 História Local e totalidade, 175
27 A História Local diante das generalizações, 177
28 O estudo do lugar em si mesmo, 191
29 Combates contra a falácia da região dada previamente, 192
30 História Local ou História Regional?, 194
31 Micro-história: uma leitura em nova escala, 200
32 Ler o espaço: considerações finais, 202

Referências, 207
Índice onomástico, 215
Índice remissivo, 217

CULTURAL

Administração
Antropologia
Biografias
Comunicação
Dinâmicas e Jogos
Ecologia e Meio Ambiente
Educação e Pedagogia
Filosofia
História
Letras e Literatura
Obras de referência
Política
Psicologia
Saúde e Nutrição
Serviço Social e Trabalho
Sociologia

CATEQUÉTICO PASTORAL

Catequese
Geral
Crisma
Primeira Eucaristia

Pastoral
Geral
Sacramental
Familiar
Social
Ensino Religioso Escolar

TEOLÓGICO ESPIRITUAL

Biografias
Devocionários
Espiritualidade e Mística
Espiritualidade Mariana
Franciscanismo
Autoconhecimento
Liturgia
Obras de referência
Sagrada Escritura e Livros Apócrifos

Teologia
Bíblica
Histórica
Prática
Sistemática

REVISTAS

Concilium
Estudos Bíblicos
Grande Sinal
REB (Revista Eclesiástica Brasileira)
SEDOC (Serviço de Documentação)

VOZES NOBILIS

Uma linha editorial especial, com importantes autores, alto valor agregado e qualidade superior.

PRODUTOS SAZONAIS

Folhinha do Sagrado Coração de Jesus
Calendário de mesa do Sagrado Coração de Jesus
Agenda do Sagrado Coração de Jesus
Almanaque Santo Antônio
Agendinha
Diário Vozes
Meditações para o dia a dia
Encontro diário com Deus
Guia Litúrgico

VOZES DE BOLSO

Obras clássicas de Ciências Humanas em formato de bolso.

CADASTRE-SE
www.vozes.com.br

EDITORA VOZES LTDA.
Rua Frei Luís, 100 – Centro – Cep 25689-900 – Petrópolis, RJ
Tel.: (24) 2233-9000 – Fax: (24) 2231-4676 – E-mail: vendas@vozes.com.br

UNIDADES NO BRASIL: Belo Horizonte, MG – Brasília, DF – Campinas, SP – Cuiabá, MT
Curitiba, PR – Fortaleza, CE – Goiânia, GO – Juiz de Fora, MG
Manaus, AM – Petrópolis, RJ – Porto Alegre, RS – Recife, PE – Rio de Janeiro, RJ
Salvador, BA – São Paulo, SP